Pythonによる
統計分析入門

山内 長承（著）

本書に掲載されている会社名・製品名は、一般に各社の登録商標または商標です。

本書を発行するにあたって、内容に誤りのないようできる限りの注意を払いましたが、本書の内容を適用した結果生じたこと、また、適用できなかった結果について、著者、出版社とも一切の責任を負いませんのでご了承ください。

本書は、「著作権法」によって、著作権等の権利が保護されている著作物です。本書の複製権・翻訳権・上映権・譲渡権・公衆送信権（送信可能化権を含む）は著作権者が保有しています。本書の全部または一部につき、無断で転載、複写複製、電子的装置への入力等をされると、著作権等の権利侵害となる場合があります。また、代行業者等の第三者によるスキャンやデジタル化は、たとえ個人や家庭内での利用であっても著作権法上認められておりませんので、ご注意ください。

本書の無断複写は、著作権法上の制限事項を除き、禁じられています。本書の複写複製を希望される場合は、そのつど事前に下記へ連絡して許諾を得てください。

(社)出版者著作権管理機構
(電話 03-3513-6969, FAX 03-3513-6979, e-mail: info@jcopy.or.jp)

JCOPY ＜(社)出版者著作権管理機構 委託出版物＞

はじめに

　本書は、初歩的な統計処理について、Python のプログラムを介して理解すること
を目的とします。統計の理論は古くから議論され、初歩から専門的なものまでさまざ
まな教科書が手に入ります。また実際の統計的データ処理もさまざまな言語やパッ
ケージが提供され、それらの解説も初歩から専門的なものまで多数手に入ります。そ
の中で本書は、比較的新しい言語処理系である Python を使って、初歩的な統計処理
をどのように行えばよいのかを紹介しています。

　Python は、統計処理でよく用いられる R や SPSS などの他の言語・パッケージに
比べると、さまざまな応用分野での利用が圧倒的に幅広く行われている、汎用の言
語です。わざわざ Python を選んで統計処理をするのは、他の応用分野のプログラム
で得られる結果を Python で続けて処理したり、逆に統計的な処理結果を他の分野の
Python プログラムに戻したり、という連携が容易になることが大きな狙いになって
います。

　本書では、Python の世界で共有されている一般的なパッケージを使って、統計処
理を行います。科学技術計算・数値的な計算を目指した scipy や主に学習系の処理
をカバーする scikit-learn、統計を専らとする statsmodels など、いくつか
のパッケージで統計処理が提供されています。統計を Python で扱う専門家の人口は
まだ少ないので、統計を目指した処理系である R や SPSS に比べると最新の高度な機
能・手法が実装されていない場合もあり、その場合はやむを得ず R や SPSS の手を借
りなければならないこともあります。本書ではそこまでの高度処理は対象とせず、
広く一般的に用いられる処理を対象に取り上げました。

　本書は、プログラミングの経験は多少あるが、言語処理の経験はない読者を対象に
しています。プログラミング言語に Python を用いますが、Python 自体のプログラ
ミングの経験は前提としません。C/C++ や Java などの言語で初歩的なプログラミン
グの概念、たとえば変数・代入・if 文・for 文のような概念を理解していることを仮定
しています。プログラミングがまったく初めてという読者は、プログラミングの入門
書でひととおり学んだ上で本書のプログラムを試してみることをお勧めします。もち
ろん、プログラムの部分を抜きにして本書を読むことも可能です。

　本書の構成は、第 1・2 章で Python の使い方とプログラミングを簡単に導入した

iii

後、第 3 章で統計の導入として記述統計の考え方とその処理ツールを紹介します。第
4〜6 章は推測統計の議論をしますが、第 4 章ではその導入として確率の考え方を概観
し、第 5 章で標本と推定について、第 6 章で統計的仮説検定について、それぞれ数値
例、プログラム例を交えて細かく検討します。第 7・8 章は多次元データの解析から
相関分析と主成分分析・因子分析を原理と Python での処理手順を交えて紹介します。

　本書が前提としている知識は、統計の理論に必要な若干の数学の一般的な知識と、
一般的なプログラミングの入門知識、たとえば変数への代入、条件分岐や繰り返しな
どです。

　本書を読み進める中で、実際にプログラム処理を試してみることで理解が進む点も
多いと思います。本書は必ずしも実習用のテキストではありませんが、試してみるこ
とができるプログラムとデータを掲載しています。ぜひ実際の処理環境で、掲載して
いるプログラムをいろいろと書き換えて試し、その中から Python による統計解析の
処理の仕方や可能性について幅広く知見を得ていただきたいと思います。

　本書は、筆者が所属する東邦大学の研究室での勉強会のために書きためてきた実習
的な教材に、統計の理論の解説を追加して執筆したものです。このたび、オーム社書
籍編集局の皆様からのお勧めがあり、Python のプログラミングを主題にして書籍と
して発行することになりました。教材の作成に当たって協力してくださった研究室の
学生の皆さん、長年訪問研究員としてご助言くださった筧義郎様に感謝申し上げると
ともに、書籍化に当たりさまざまな面倒を見てくださったオーム社書籍編集局の皆様
に深く感謝申し上げます。

　平成 30 年 4 月

山 内 長 承

目　次

はじめに.. iii

第 1 章　統計と Python　　　　　　　　　　　　　　　　　　　　　　1

1.1　データと統計学 2
1.2　プログラミング言語 Python が必要な理由 4
1.3　プログラムを作って動かす環境 6
1.4　ライブラリパッケージのインストール 14

第 2 章　Python のプログラミングルール　　　　　　　　　　17

2.1　Python プログラムの構造 18
2.2　Python プログラムの書き方ルール 28

第 3 章　記述統計～平均と分散　　　　　　　　　　　　　　　31

3.1　いろいろな量・データの種類 32
3.2　平均 35
3.3　頻度分布・分散・偏差 47

第 4 章　推測統計（1）～確率と確率分布　　　　　　　　59

4.1　離散的現象の数え上げと確率 60
4.2　連続現象の確率分布 66

v

目 次

第 5 章　推測統計（2）～サンプリングと推定　　91

5.1 母集団とサンプリング 92
5.2 平均・分散・その他の統計指標の点推定 93
5.3 平均・分散・その他の統計指標の区間推定 114

第 6 章　推測統計（3）～統計的仮説検定　　135

6.1 仮説と検定 136
6.2 正規母集団に関する仮説検定 140

第 7 章　多次元データの解析（1）～2つの量の関係　　167

7.1 相関分析 ～ 2つの量の関係の分析 168
7.2 従属関係の分析 ～ 回帰分析 183
7.3 質的変数の関係 190

第 8 章　多次元データの解析（2）～少ない次元で説明する　　205

8.1 主成分分析 206
8.2 因子分析 223

索　　引 241

内包による処理速度アップ 24
関数 41
幾何平均を自前で計算する 45
分散・標準偏差の分母 51
二項分布の平均値の計算 80
確率分布 $f(x)$ に従うランダムサンプルの生成 95
$n-1$ の由来 100
平均値の差・効果量 153
Python で相関係数を計算するライブラリ 172

本書で使用した Python コードは、オーム社 Web サイト（https://www.ohmsha.co.jp/）の該当書籍詳細ページに掲載しています。書籍を検索いただき、ダウンロードタブをご確認ください。

注）・本ファイルは、本書をお買い求めになった方のみご利用いただけます。また、本ファイルの著作権は、本書の著作者である、山内長承 氏に帰属します。
　　・本ファイルを利用したことによる直接あるいは間接的な損害に関して、著作者およびオーム社はいっさいの責任を負いかねます。利用は利用者個人の責任において行ってください。

第 **1** 章

統計とPython

本章では、全体への導入として統計の重要性、データ
処理・統計処理における Python の位置付け、Python
のプログラミング環境について説明します。

第1章　統計と Python

1.1 データと統計学

　科学的に考えたり、科学的に主張したいとき、「数字」は強力な援軍になります。近代統計学の基礎を築いたピアソン（Karl Pearson 1857-1936）は、統計学は「科学の文法」（The Grammer of Science）である[1]であると言っています。科学的な理解や主張の背景には数字、特に現象を捉えるときの統計的な裏付けが「文法」としてあるべきだ、ということです。これは自然科学に限らず、「科学」を名乗るものすべてにおいて大事なことだと思います[2]。

　統計は、データを科学的に扱う手法だと言えます。たとえば、サイコロを1回投げて「2」の目が出たとしましょう。これによって「このサイコロはいつも2の目が出る」と主張していいのでしょうか？　「サイコロには他の目もあるのだから、他の目が出ることもあるだろう」という主張に対して、「いや、私が目前で見た結果は2の目が出たのだから、必ず2の目が出るのだ」と突き返されるかもしれません。われわれは、サイコロは1の目も2も6も同じように出ることをなんとなく知っているので、「必ず2が出る」という主張に対して「おかしい」と思うわけですが、その主張を科学的に（論理的に）覆すためにはきちんとした統計的な議論ができる必要があります。

　上記のサイコロの議論は唐突に感じるかもしれませんが、世の中では案外、いろいろな場面でこれに類する議論が行われています。統計的な考え方を手に入れて、数字の根拠に基づいた主張をしたいものですし、また同時に、数字が主張できる範囲・限度についてもきちんと理解しておきたいものです。

　では、どんなデータを扱っていけばよいのでしょうか。データとして1つだけ数値があっても、そこからはほとんど何も分かりません。たとえばある人の身長が 172cm だったとして、それをもって「すべての人の身長が 172cm である」とは言えないし、「人の身長はだいたい 172cm である」とも言えません。何人かの人の身長を集めれば、「平均が 172cm だ」ということができます。

　では、身の回りで集まった同年代の集団で身長を測り、平均が 172cm だったとして、集団の中はどのようにばらついているのでしょうか？　自分より身長の高い人が何人いるのでしょうか？

---

[1]　Pearson, Karl, "The grammar of science". First published in 1892.
　　https://ia800203.us.archive.org/35/items/grammarofscience00pearuoft/grammarofscience00pearuoft.pdf
[2]　もちろん数字のみに頼ることはよくないことで、危険でもあります。ここで言いたいことは、数字による裏打ちの伴う議論がほしいということです。

さらにいろいろなことが気になります。自分の身の回りで集まった集団は、日本全国の同年代と比べてどうなのでしょうか？　自分がこの集団の平均身長より高ければ、全国の同年代と比べて身長が高いと言えるのでしょうか？　実際、データを測定するときにすべてのデータを取ることができず、サンプルを取らなければならないことがよくあります。そのとき、サンプルから得られた値は、全体をどれだけ正しく表しているのでしょうか？

　これらの問いに対して、科学的に何を答えられるかを示すのが、統計学、統計的な手法です。「なんとなくそれらしい値」ではなくて、「この程度の信頼性で正しい値」と言うことができるようになります。

　たくさんのデータを統計で見る立場として、**図1-1** にあるように、**記述統計**と**推測統計**の2つに分かれます。記述統計は、目前にあるデータがおよそどのようなものであるのか、いくつかの指標を使って全体を記述しようとします。平均値はその指標の一例ですが、さらに細かく散らばり方を表すための指標や記述方法が使われています。それに対して推測統計は、手元に集めたデータ（標本）を使って全体の状況を推測したり、全体に関する仮説（言い分）が正しいか否かを判定したりします。前者を「推定」、後者を「検定」と呼んで区別することもあります。いずれも、推測統計は部分的な標本から全体を推測する手段を提供します。

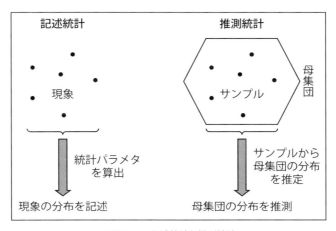

■ 図1-1　記述統計と推測統計

　記述的な統計は直感的に分かりやすい話ですし、推測統計のベースにもなるので、

第 1 章 統計と Python

本書では例を中心にして第 3 章でざっと解説します。次に第 4〜6 章で推測的な統計を見てみます。第 4 章では理論背景である確率と確率分布について理解を深め、第 5 章で推測的な統計の方法論として、値をサンプルからピンポイントで推定する点推定と、値が指定した確率で入る区間を推定する区間推定を概観し、第 6 章では仮説検定による信頼性の評価方法について説明します。

第 7 章以降は、記述的な統計のうちの多次元（多変量）データの具体的な解析手法からいくつか選んで紹介します。これらは「データマイニング」と呼ばれるデータ分析技術で使われるもので、昨今必要とされている実社会のデータやビッグデータなどの分析で利用することができます。

1.2 プログラミング言語 Python が 必要な理由

コンピュータで統計の解析をするとき、いろいろな方法や環境があります。たとえば、表計算（Microsoft Excel）や、統計を専門にした解析用のソフトウェア環境である R や SPSS を使うなど、いろいろな方法や環境がありますが、本書ではプログラミング言語 Python を使います。

Excel を使った解析

表形式のデータを見たまま扱えるという利点があります。縦・横の総和や平均、分散などの計算は、ちょっとした入力で実行できます。また定型的な処理は、誰かが作ってくれた「マクロ」があればそれを起動するだけで計算できます。企業などで定型処理を繰り返す場合には、この方法がよく使われます。マクロを組み込んだ「シート」の形で提供されていることもあります。

ところが、問題が 2 つあります。1 つ目の問題は、簡単な操作であっても多数のデータについて行うと大変になるということです。たとえば 1 か月のデータを簡単に処理できるマクロがあったとしても、1 年分のデータを処理するには操作を 12 回繰り返す必要があります。過去 10 年分では 120 回になります。もう 1 つの問題は、定型でない処理をしたいときにどうするかです。簡単な処理はステップを追って操作をして計算できますが、複雑な計算になると難しくなります。つ

1.2 プログラミング言語 Python が必要な理由

まり、多数データの繰り返し処理をしたい、あるいは非定型の複雑な処理をしたいという場合には、手間が増えて時間がかかります。

R や SPSS などの統計向けパッケージを使った解析

　統計処理専用のさまざまなパッケージ環境が提供されています。特に R は無料な上、多様なライブラリが専門家のユーザによって作られていて、重宝します。Excel ほど「見たままですぐに使える」というわけではありませんが、解析したいデータが CSV*3 で与えられていて、かつ希望する処理がライブラリの中にあらかじめ用意されていれば、非常に簡単に処理できます。また、グラフを描く機能が充実していて簡単に結果を可視化できます。さらに、初心者にとって良い点として、全体が 1 つにパッケージされていて簡単にインストールできることが挙げられます。また、プログラミング環境が用意されているので、スキルがあれば自前でプログラムを作ることができます。

　問題があるとすれば、R は統計処理を対象とした処理システムで、他の用途のプログラミングには（可能ですが）あまり向いていないということです。他の処理はすでに他の言語で書かれている場合も多く、それをわざわざ R に書き直すのも面倒です。他の言語で書かれたプログラムと R の処理とを連携させることも可能ですが、それなりの理解が必要です。つまり、他のデータ処理のプログラムと結合して使うことは、現時点ではあまり簡単でないように思います。

　Python は、Excel に比べると入口のハードルはやや高いですし、R に比べると統計に特化しているわけではありませんが、他方で汎用のプログラミング言語・プログラミング環境として評価が高く、また統計も統計以外も含めて非常に多様な応用分野でのパッケージが作られており、統計処理と他の処理の連携という観点から非常に優れた環境です。

---

*3 Comma-Separated Values、カンマ区切りのデータ。データ交換用に Excel やデータベース、その他さまざまなソフトから出力したり読み込んだりできる形式。

第 1 章　統計と Python

1.3 プログラムを作って動かす環境

1.3.1　ダウンロード・インストール

Python のインストール〜Windows

Python の Web サイト https://www.python.org/（英語のみ）の **Downloads** タブ
を選択して、Windows 対応の Python をダウンロードし、インストールします。

Python にはバージョン 2（Python V2）とバージョン 3（Python V3）があり、こ
の 2 つのバージョンは過去の経緯が理由で残念ながら「互換」ではありません。つま
り、V2 で書かれたプログラムの一部は V3 ではエラーになって動かず、逆に V3 で書
かれたプログラムの一部は V2 ではエラーになって動きません[4]。本書ではバージョ
ン 3 を使うので、ダウンロードページで Version 3 を選んでください。

macOS や Linux ベースのシステムではあらかじめ Python がインストールされて
いることもありますが、その場合は Python のバージョンが V3 であることを確認し
てください。バージョンの確認は、コマンドプロンプトに対して Python の起動コマ
ンドを入力し、引数に -V を付けると、バージョンが表示されます。

```
C:\Users\yama> python -V        <-- 入力する
Python 3.6.4                    <-- バージョンが表示される
```

Python の使い方・文法については、ドキュメントが整備されています。英語のオ
リジナル版は https://docs.python.org/3/ から、日本語の翻訳は https://docs.python.
jp/3/ から参照できます。

パッケージ導入のための pip の準備

これ以降、いろいろなパッケージをインストールします。パッケージは PyPi の配
布 Web サイト（https://pypi.python.org/pypi）からダウンロードしインストールし
ますが、そのためのコマンドとして **pip** を使います。コマンドライン（PowerShell）
上で、**pip -V** と打ってみてください。もしすでに **pip** が利用可能（Windows 用の
Python パッケージではその中に含まれているので利用可能のはず）なら

---

[4]　最近は V3 への移行がかなり進み、V2 と V3 の両方で動くコードが増えたので、たいていのライブラリで
トラブルは経験しなくなりました。

```
C:\Users\yama> pip -V
pip 9.0.1 from c:\users\yamanouc\appdata\local\programs\python\python36\lib\site-p
ackages (python 3.6)
```

のように出てくるはずです。これなら利用可能なので次へ進みます。もし利用可能で
ない場合

```
pip : 用語 'pip' は、コマンドレット、関数、スクリプトファイル、または操作可能なプログラムの名前とし
て認識されません。
……
```

のようなメッセージが出ます。この場合は、Web サイト https://bootstrap.pypa.io か
らファイル get-pip.py をダウンロードし（たとえばダウンロードフォルダに格納
し）、次にコマンドプロンプトでダウンロードフォルダに移動して、これを下記のよ
うにして Python で実行します。ダウンロードフォルダの位置を標準以外に設定して
いるなどの場合は、それに合わせて cd で指定する移動先を変更してください。

```
C:\Users\yama> cd $HOME\Downloads      <-- $HOME\Downloadsフォルダへ移動
C:\Users\yama\Downloads> python get-pip.py      <-- コマンドpython get-pip.pyを実行
```

　これによって、pip がダウンロードおよびインストールされます。
　ここまでで python と pip が使えるようになっているとします。

Jupyter Notebook のインストール〜Windows

　次に、本書で使う開発環境 Jupyter Notebook をインストールします。これは pip
コマンドを使って簡単にインストールできます。コマンドプロンプト（PowerShell）
に対して

```
C:\Users\yama> pip install jupyter notebook
```

と打つと、jupyter notebook の動作に必要ないくつかのパッケージソフトをダウン
ロード・インストールします。数が多いので多少時間がかかります。
　すべて正常にインストールできると

```
Successfully installed ... パッケージのリスト ...
```

が表示されます。

1.3.2 Jupyter Notebook の使い始め
Jupyter Notebook の起動〜Windows

コマンドプロンプトで、作業フォルダに移動します。作業フォルダはユーザ自身が持っているフォルダの中なら好きなように作ってかまいません。ここでは、ドキュメントフォルダ（Documents）の下に work というディレクトリを作り、ここを作業フォルダとすることにします。そこで、jupyter notebook と打って起動します。

```
PS C:\Users\yama\Documents> mkdir work      <--- ディレクトリworkを作る
    ディレクトリ: C:\Users\yama\Documents

PS C:\Users\yama\Documents> cd work     <--- workに移る
PS C:\Users\yama\Documents\work> jupyter notebook <--- jupyter notebook起動
... メッセージ ...
[I 13:10:21.562 NotebookApp] The Jupyter Notebook is running at: http://localhost:8889/?token=504e380ce
[I 13:10:21.562 NotebookApp] Use Control-C to stop this server and shut down all k
ernels (twice to skip
... メッセージ ...
```

無事に起動できたようです。これと同時に、ブラウザの新しいウィンドウ（タブ）が開きます（**図 1-2**）。

■ 図 1-2　Jupyter Notebook 起動直後のブラウザ画面

Python プログラムの入力と実行

では、Python を少しだけ使ってみます。画面の右側にある **new** のボタンを左クリックし、プルダウンメニューから **Python 3** をクリックしてください。これで、Python をプログラムするためのウィンドウ（iPython 形式のウィンドウ）が開きます（**図 1-3**）。

この画面の In[ ]:の右側の部分にプログラムを書くことができます。最初のプログラムとして、Hello World を出力してみましょう。In[ ]:のところに**図 1-4**

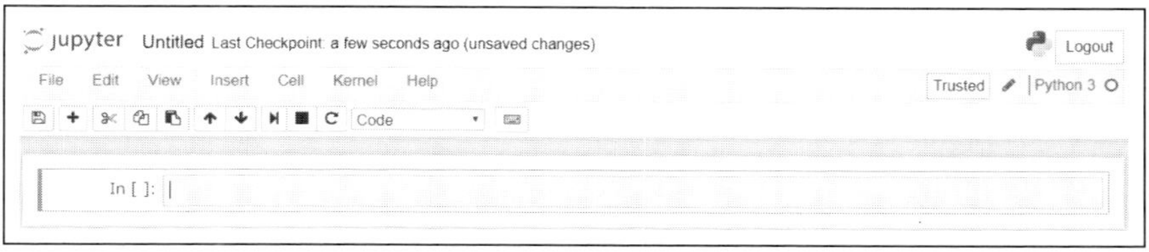

1.3 プログラムを作って動かす環境

■ 図 1-3 Jupyter Notebook で New に Python3 を指定した後の画面

のように

```
print('Hello World')
```

と書き込みます。

■ 図 1-4 Jupyter Notebook で Hello World プログラムを入力した後の画面

このプログラムを実行してみます。実行するには、メニューバーの▶をクリックするか、さもなければ Cell タブからプルダウンメニューで Run Cells をクリックします（今後、「実行キーを押す」と呼ぶことにします）。そうすると**図1-5**のように、実行結果が表示されます。このプログラムの場合は Hello World と表示します。

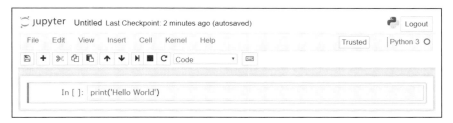

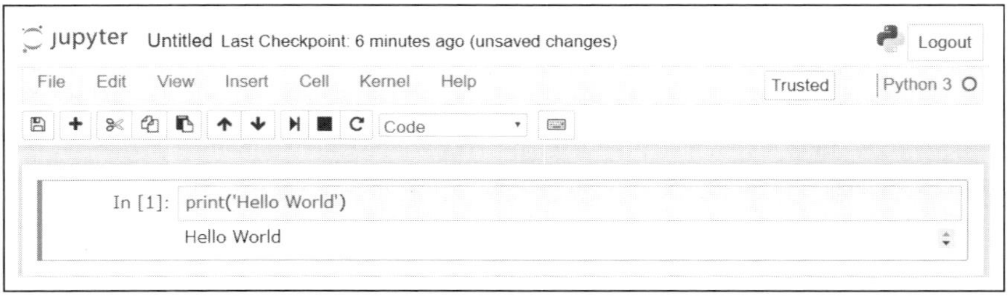

■ 図 1-5 Jupyter Notebook で Run Cells をクリックした後の画面

9

このように、Jupyter Notebookの画面内では、プログラムを書き込んでそれを実行し、結果を出力することができます。

では、プログラムを間違えたらどうなるでしょうか？　たとえばprintとすべきところを、間違えてprntと打ったとします。実行キーを押して実行させると**図1-6**のようにエラーメッセージが出力されます。ここでは、

```
Name Error:  name 'prnt' is note defined
```

というメッセージが出ているので、prntと書いたことが間違いだと分かります。

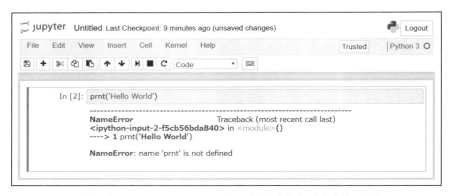

■ 図1-6　Jupyter NotebookでRun Cellsをクリックした後の画面

もう少しだけ使ってNotebook環境に慣れよう

では、もう少しだけ使って、Jupyter Notebookの環境に慣れることにしましょう。先ほど間違えた状態のままで、In[2]のところにプログラムを上書きしてみます。書くのは

```
x = 2
print(x)
```

で、変数xに値2を代入する、その後print(x)によってxを出力（表示）する、というプログラムです。書き込んでから実行キーを押すと、**図1-7**のように「2」というprintの出力結果が見えます。

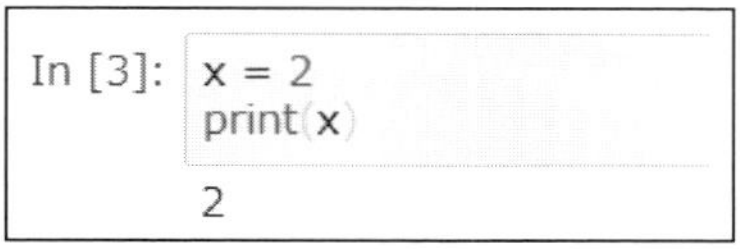

1.3 プログラムを作って動かす環境

```
In [3]: x = 2
        print(x)

        2
```

■ 図 1-7 画面

では、もう 1 つ試してみましょう。次のプログラム

```
x = 0.5
print(x)
y = x + 1
print(y)
```

を入力して実行すると、どうでしょうか。

実行した結果は**図 1-8** のようになりました。2 行の出力がありますが、これは print を 2 回実行しているからで、1 回目が 1 行目の 0.5、2 回目の print が 1.5 を出力しています。

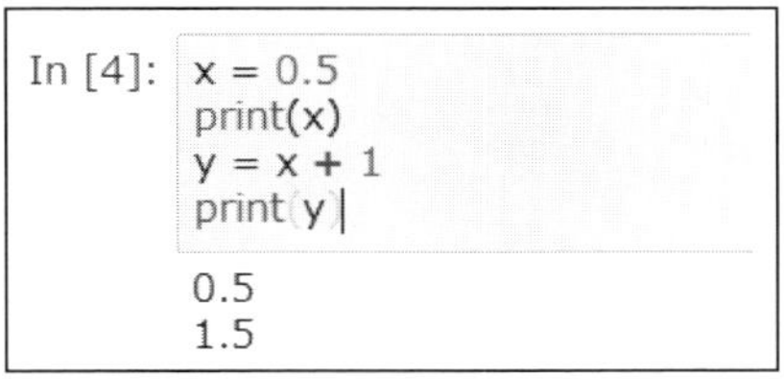

```
In [4]: x = 0.5
        print(x)
        y = x + 1
        print(y |

        0.5
        1.5
```

■ 図 1-8 画面

次のプログラムは、リストと呼ばれるデータ形式（データ型、構造体）を使います。Python では [と] とで囲みます。たとえば [1, 3, 5, 7, 9] のように書くと、5 つの要素 1、3、5、7、9 からなるリストになります。

```
x = [1, 3, 5, 7, 9]
print(x)
for u in x:
    print(u)
```

結果は、**図 1-9** のようになりました。

11

第 1 章　統計と Python

```
In [5]:  x = [1, 3, 5, 7, 9]
         print(x)
         for u in x:
             print(u)

         [1, 3, 5, 7, 9]
         1
         3
         5
         7
         9
```

■ 図 1-9　画面

　まず最初の print(x) に対応する出力は、[1，3，5，7，9] となり、変数 x
に代入した元のリストがそのまま表示されています。その下に 1 行に 1 つずつ 1, 3, 5,
7, 9 と並んでいるのは、プログラムの

```
for u in x:
    print(u)
```

の部分に対応する出力です。後ほど細かく説明しますが、for は for ループと呼ばれ
ている繰り返しを命じる文です。リスト x に入っている要素を頭から順に 1 つずつ
取り出して変数 u に入れ、その次の行にある print(u) を実行、つまり u を印刷表
示します。print は指定された内容を 1 行に書く（書き終わったら改行する）とい
う設定になっているので、リスト x から u を 1 → 3 →…→ 9 と順番に取り出しなが
らそれぞれを 1 行ずつに表示し、その結果 1 行ずつに 1、3、5、7、9 と並んだ出力が
得られます。
　Python のプログラミングは、ここではこのくらいにしておき、本格的な話は先に
譲ります。本節の最後になりますが、Jupyter Notebook を使った後の後始末を説明
しておきます。

1.3.3　作業結果の保存と Jupyter Notebook の終了
作業結果の保存
　Jupyter Notebook の環境で作業した内容は、好きなときに保存できます。保存す
る前に、まず名前を付けましょう。名前を付けるには画面上の上部の File タブか
ら Rename をクリックします（**図 1-10**）。名前を付けないと、勝手に Untitled（すで
に Untitled が存在すれば次は Untitled 1、その次は 2 …）という名前が付きます。

Rename で名前を付けたら、同じ File タブから Save and Checkpoint をクリックします。これによって今の時点での状態が「ファイル<付けた名前>.ipynb」に保存されます。次に使うときには、この ipynb のファイルは Jupyter Notebook の Home のページ（**図1-11**）でクリックすると、保存した状態が再現され、作業を続けることができます。また、この ipynb のファイルは他のユーザの Jupyter Notebook の環境で開くことができるので、開発途中のプログラムを渡して作業を継続してもらったり、プログラムを見て助言をもらったりすることも可能です。

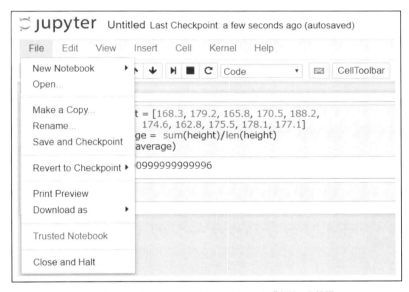

■ 図 1-10　Jupyter Notebook の File タブを開いた状態

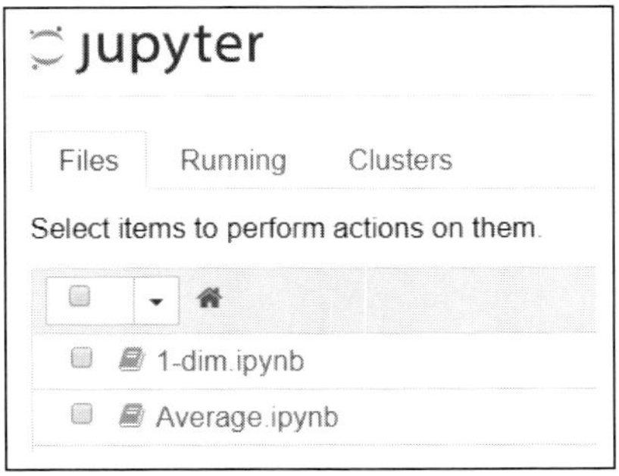

■ 図 1-11　Jupyter Notebook の Home のページ

第 1 章　統計と Python

Jupyter Notebook の終了

Jupyter Notebook を終了するときは、次のような手順で行います。

作業していた Python のページを閉じる

前述のように、作業していたページの File タブを開き、メニューから Save and Checkpoint をクリックし、（必要に応じて）最後の状態を保存します。

次に、再び File タブを開き、最下段の Close and Halt をクリックします。これによってこの作業環境で動作していたカーネルが停止し、このウィンドウ自体が閉じます。もし閉じないときは、カーネルが停止していればウィンドウを閉じる操作（×ボタンをクリックするなど）で閉じてかまいません。

Jupyter Notebook 全体を停止する

最初に Jupyter Notebook を起動したコマンドプロンプト画面で、Control-C を 2 回押します。Control-C とは、キーボード上で Control キー（キートップに Ctrl と書いてあるキー）を押しながら C のキーを押す（2 つ同時に押す）ことです。1 回目で「終了してよいか」という確認メッセージが出るので、もう一度押します。これで終了します。

1.4 ライブラリパッケージのインストール

本書では、いろいろな機能をライブラリパッケージから借りて、実行します。ライブラリパッケージには、Python のインストールと同時にインストールされるものと、別途個別にインストールする必要があるものがあります。Python は多様な機能を持っていますが、それらのほとんどが個別にインストールするライブラリパッケージによって実現されています。本書で使う機能も、多くの部分が個別ライブラリパッケージになっているので、その都度必要に応じてインストールすることになります。

ほとんどのライブラリパッケージのインストールは簡単で、Python の外で（OS のコマンドプロンプトに対して）コマンド pip を使ってインストールできます。

```
pip install <パッケージ名>
```

<パッケージ名>のところに、使いたいパッケージの名前を指定します。たとえばグ

14

ラフを描くためのライブラリパッケージとして matplotlib を使いますが、これは

```
pip install matplotlib
```

とすればインストールできます。pip の細かい使い方は、pip のドキュメントページ（https://pip.pypa.io/ から左側メニューで Reference Guide をクリック）を参照してください。

このようにしてインストールしておいたライブラリを、プログラム内で実際に使うときには、プログラムの中で import 文によって import します。

```
# -*- coding: utf-8 -*-
import matplotlib
これ以降でmatplotlibの描画機能が使える
...
```

パッケージを pip でインストールしないままプログラム内で import すると、エラーが出るのですぐに分かります。その場合は改めてパッケージを pip コマンドでインストールした上で、プログラムを再度実行すれば解決しているはずです。

```
python importtest.py       <-- importtest.pyを実行、この中でmatplotlibをimportしている

Traceback (most recent call last):
  File "importtest.py", line 3, in <module>  <-- 3行目でエラー
    import matplotlib
ModuleNotFoundError: No module named 'matplotlib'  <-- matplotlib というmoduleがない
```

また、一部のパッケージではパッケージ内容の一部が Python 以外の言語で書かれており、pip だけではインストールできずにエラーになるものがあります。たとえばパッケージの内部で C 言語で書かれたモジュールを呼び出している場合、C 言語でのコンパイルが必要になることがあります。この場合、配布ページの指示に従ってコンパイルするなどの適切なインストールの処理を行う必要があります。特に Windows 上では、C 言語で書かれたプログラムをソースコードからコンパイルするための環境（たとえば Microsoft Visual Studio など）はたいていありませんので、コンパイル済みの（バイナリ）パッケージをダウンロードしてインストールするなどの手順が必要になります。このような場合は、提供元のガイドページに記載されている説明に従ってください。また、macOS には C 言語のコンパイル環境（Xcode）が標準では搭載されていませんが、簡単にインストールできるので提供元ページでも Xcode をイン

第 1 章　統計と Python

ストールするように勧められるかもしれません。

　本書で使う主なライブラリを**表 1-1** にまとめておきます。

パッケージ	インストールコマンド	配布 Web サイト
numpy	pip install numpy	https://docs.scipy.org/doc/numpy/reference/
scipy	pip install scipy	https://docs.scipy.org/doc/scipy/reference/
matplotllib	pip install matplotlib	https://matplotlib.org/
scikit-learn	pip install scikit-learn	http://scikit-learn.org/stable/
statsmodels	pip install statsmodels	http://www.statsmodels.org/stable/py-modindex.html
factor_analyzer	pip install factor_analyzer	https://media.readthedocs.org/pdf/factor-analyzer/latest/factor-analyzer.pdf

■ 表 1-1　本書で使う主なライブラリ

第 **2** 章

Pythonの
プログラミングルール

本章では、Python のプログラミングについて簡単に
説明します。Python の基本構造は単純ですが、本章
ですべて説明するには量が多すぎるので他の書籍に譲
ることとし、本書ではよく使われる Java、C などの
他のプログラミング言語と異なる点やあまり解説され
ない点を中心に概観します。具体的には、段下げによ
る入れ子構造の表記の他、for ループの制御の方法、
リスト・辞書型などのデータ型、リストの内包表現や
enumerate、zip などです。

第2章　Pythonのプログラミングルール

2.1 Pythonプログラムの構造

まず、プログラムの構造を簡単に概説します。

ブロック構造は段下げで書く

　Pythonでは、ブロック構造は段下げで書きます。C/C++やJavaでは、段下げをしなくてもプログラムは動きますが、Pythonでは段下げが必須です。その代わり、ブロックを示す中括弧（「{」と「}」）はなくなります。たとえば、条件分岐のif文では

```
if x>0:
    print('正です')       <-- 内側のブロックなので1段下げる
else:
    print('0か負です')    <-- 内側のブロックなので1段下げる
```

というように書きます。

　関数（メソッド）の定義をする最初の部分（関数のヘッダー）は

```
def newfunction(x):
    y = sin(x) + 1
    return y**x             <-- 内側のブロックなので1段下げる
```

のようになります。

　段下げは同じレベルのブロックは同じ位置に（同じ字数だけ）段下げしなければいけません。1字でもずれているとエラーになります。また、段下げの空白の文字数は指定されていませんが、空白4文字かタブ1つがよいとされています。また、あまり深い段下げは見づらくなるので、関数としてくくり出すなどの工夫をするとよいでしょう。

2.1.1　制御構文の違い

for ループの書き方

　Pythonのfor文は、C/C++やJavaとほとんど同じですが、ループの回り方の制御をする部分が違います。初期化、1回ごとの計数などの処理、終了条件の判定といった部分はなく、たとえば

2.1 Python プログラムの構造

```
for i in [0, 1, 2, 3, 4, 5]:
    n =+ i
```

といった書き方をします。[0，1，2，3，4，5] はリストと呼ばれるデータ型で
すが、i がそのリストの要素の値を順番に取っていく、という制御です。このリスト
は整数でなくてもよく

```
for i in ['東京', '大阪', '福岡']:
    print(i)
```

のような書き方もよく使います。また、数の上限がプログラミング時に決まっていな
かったり、数が多くてリストにすべて書くのが大変なときには、[0，1，2，…，
N] を生成するような関数 range(N) を使うことができます。range は、引数を 1 つ
だけ指定したときは 0 から上限 N（ただし N を含まない）まで 1 ずつ増える列を作
りますが、range(0，5，2) とすると、「0 から始めて 5 まで 2 ずつ」という指定
となり、[0，2，4] を作ることができます。

2.1.2　変数の型を指定しない・変数を宣言しない

　Python の変数には、C/C++ や Java にあるような「型」の指定（変数宣言）はあ
りません。型はあるのですが、インタープリタが自動的に判断します。代入したとき
には、必要に応じて型が変換されます。

```
x = 1          <-- この時点ではxは整数型を保持している
x = x/2        <-- この時点で、xは浮動小数点型になる
print(x)       <-- 結果は0.5を表示
```

　x = x/2 の結果の代入のとき、他の言語では x も 2 も整数型なので結果も整
数型、つまり 0 となるでしょうが、Python では式で書いたとおりの 0.5 になりま
す。整数の結果を得たい場合には、明示的に切り捨て（math.floor[*1]）、切り上げ
（math.ceil）、四捨五入（round[*2]）などを指定する必要があります。

---

*1　この「math」は数学関数のモジュールで、以下のプログラム例にあるように使用する前に **import math**
　　とする必要があります。
*2　Python3 の **round** 関数では 0.5 や 1.5 のように丸め先まで等距離の場合は、「近い方の偶数値」に丸めら
　　れます。つまり 0.5 は 0 に、1.5 は 2 に、2.5 は 2 に、3.5 は 4 に、という風に丸めます。

第2章　Pythonのプログラミングルール

```
import math
x = 1/2
print(math.floor(x))    <-- 切り捨てる。結果は0
print(math.ceil(x))     <-- 切り上げる。結果は1
print(round(x))         <-- 四捨五入
```

　型の指定をしないので、C/C++ や Java で見られる変数の宣言もありません。変数は宣言せずにいきなり使い始めてよいのです。ただし、値を代入せずに読み出そうとするとエラーになります。

2.1.3　いろいろな型が用意されている

　Python ではあらかじめいろいろな基本型（組み込み型）が用意されています。詳細は Python のドキュメント（https://docs.python.jp/3/library/stdtypes.html）を参照してください。

　数値型は他の言語と同様に、整数（int）、浮動小数（float）、複素数（complex）の3つの種類があります。論理型は定数 True、False や、論理式の結果が対応します。

　基本的なシーケンス型は、リスト（list）、タプル（tuple）、レンジ（range）オブジェクトがあります。リストは、[0，1，2，3] や ['東京'，'大阪'，'福岡'] のように要素の集まりに使われます。タプルも、(0，1，2，3) のように要素の集まりを表しますが、要素を書き換えることができません。

　シーケンス型は、個々の要素をインデックスで参照することができます。たとえば

```
u = [1, 2, 3]   <-- シーケンス  [1, 2, 3]を変数uに代入する
print(u[1])     <-- uの1番目の要素を表示する。結果は2
```

のようにすることができます。また、リスト型はリストの後ろへ要素を追加することができます。このように、リスト型はベクトルや配列を表すのに使うことができます。

　リスト型をプログラムで作るときは、たとえば

```
s = []              <-- 要素が1つもない、空のシーケンスを作る
for u in range(5):  <-- u は range(5) （つまり [0, 1, 2, 3, 4]）を順に取る
    s.append(u*2)   <-- u*2 をリストに追加する
print(s)            <-- 結果は [0,2,4,6,8]
```

のようにすることができます。append はリスト型オブジェクトに対するメソッドで、

20

要素を追加します[*3]。

スライス (slice) は、リストの一部を切り出します。たとえば次のようにします。

```
s = [0, 2, 4, 6, 8]
print(s[1:3])         <-- 結果は [2, 4]
```

範囲の指定の意味は間違えやすいのですが、リストの要素の間の点に 0 から番号を付けます。

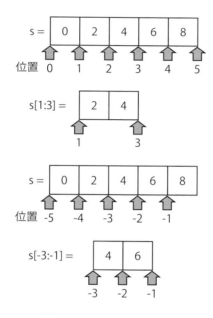

■ 図 2-1　リストデータのスライス

s[1:3] は第 1 番の間の点（つまり 0 と 2 との間の点）から第 4 番の間の点（4 と 6 との間の点）までの間の要素を切り出します。つまり値は [2, 4] になります。また負の番号を指定したときは、最後尾を 0 として逆向きに、要素の間の点を $-1, -2,$ …と番号付けて指定します。つまり

```
print(s[-3:-1])       <-- 結果は [4, 6]
```

---

*3　リスト自身に書き足します。コピーはしません。

第2章　Pythonのプログラミングルール

となります。

　さらに、指定しない（空欄にする）と、スライスの始点側はリストの始点、終点側は
リストの終点となります。s[:] はsそのものと同じで、値は［0，2，4，6，8］
になり、s[2:] の値は［4，6，8］、またs[:3] の値は［0，2，4］になります。

　また、リストの要素がリスト型であるような2重のリストも可能です。これは配列
と見ることもできます。

```
u = [ [0, 1, 2], [3, 4, 5], [6, 7, 8] ]
print(u[1][2])          <-- 配列と見ることもできる。結果は5
```

　文字列は、要素が1文字ずつのリストと見ることができます。したがって

```
u = 'abcde'
print(u[2:4])           <-- 文字列'cd' を表示します
v= '東京タワー'
print(v[2:4])           <-- 文字列'タワ'を表示します
```

Python内部ではUTF-8コードで表されるので1文字当たり3バイトで表現されてい
ますが、文字列の要素は1文字ずつであって、バイト単位ではありません。このた
め、文字列 v の長さを見ると

```
print(len(v))           <-- 結果は文字数である5を表示
```

バイトとして扱うためにはバイト列に変換する必要があります。

　辞書型は、キー（key）と値（value）のペアが多数集まったものです。たとえば

```
dic = '東京タワー': 333, '富士山': 3776, '通天閣': 108, '天保山': 4.53
print(dic['通天閣'])   <-- 結果は108
```

のように、キー値 '東京タワー' と値333のようなペアを複数集めたもので、キー
値 '通天閣' を与えると値108が戻ってきます。辞書型では、その中の何番目の要素
かという位置は意味がなく、キーでアクセスします。なお、便利なメソッドとして、
辞書要素をペアのリストとして返す items()、キー部分だけをリストとして返す
keys()、値部分だけをリストとして返す values() があります[4]。

---

[4]　dic.items() を表示した結果の順番が、dic を定義したときの順番と異なるのは、辞書型では位置が関
係ないということに対応しているためです。並ぶ順番は Python の内部で決まります。

```
print(dic.items())     <-- [('富士山', 3776), ('東京タワー', 333), ('通天閣', 108), ('天保
山', 4.53)]
print(dic.keys())      <-- ['富士山', '東京タワー', '通天閣', '天保山']
print(dic.values())    <-- [3776, 333, 108, 4.53]
```

　辞書型はキーから値を引くのに便利なので、Python でプログラミングする際に多
用します。

　この他に、ときどき見かけるのが set 型（集合型）です。set 型は、内容が重複する
ことを許しません。たとえば、リスト型では

```
u = [1, 1, 2, 3, 3, 4, 5, 6, 6]
```

のように同じ値の要素が重複することがあります。他方、set 型では

```
v = 1, 2, 3, 4, 5, 6
```

のように、同じ値の要素は 1 つだけです。これを使って、重複を排除する処理ができ
ます。

```
u = [1, 1, 2, 3, 3, 4, 5, 6, 6]
v = list(set(u))          <-- いったんset型に変換した後、再度list型に戻している
```

とすれば、結果は

```
v = [1, 2, 3, 4, 5, 6]
```

となります。

2.1.4　内包・enumerate や zip

　リストや辞書の各要素に対して同じ処理をするとき、ループを書く代わりに「内
包」（list comprehensions）と呼ばれる書き方をすることができます。リスト input の
要素を 2 倍にするプログラムは、for ループの場合

第2章 Python のプログラミングルール

```
input = [1, 3, 5, 7, 9]
output = []            <-- 空のリストを作る
for u in input:
    output.append(u*2)
print(output)             <-- 結果は [2, 6, 10, 14, 18]
```

と書きますが、この代わりにリストの内包を使うと

```
output = [u*2 for u in input]              <-- 結果は [2, 6, 10, 14, 18]
```

と書きます。内包の外側の［ ］でリストを作ることを示し、内容は u*2 として作る、ただし u は input の要素である、と指示しています。

さらには、for ループ内で条件を付けることもできます。

```
output = [u*2 for u in input if u>=3]   <-- 結果は [6, 10, 14, 18]
```

とすると、条件 u>=3 を満たす u だけが 2 倍されてリストに残ります。

辞書型に対しても同じことができます。

```
input = ['東京タワー': 333, '富士山': 3776, '通天閣': 108, '天保山': 4.53]
output = [u: v/1000 for u, v in input]
print(output)
    <-- 結果は ['東京タワー': 0.333, '富士山': 3.776, '通天閣': 0.108, '天保山': 0.00453]
```

　このようなリストや辞書に対する内包を使う利点は 2 つあります。1 つは、プログラムが短くなって見やすくなるという点です。Python では、「プログラムをなるべく簡潔にして読みやすくすれば、読みやすければ誤りも少なくなるだろう」という考え方があります。他方で、あまり凝った内包だとかえって読みづらくなることもあるでしょう。もう 1 つの利点は、内包の方が処理速度が速くなる傾向があることです。

内包による処理速度アップ

リストに要素を append で追加するプログラムに比べて内包は 2 倍以上の差が出るという結果があります。

手元の環境で、プログラム

24

```python
import time
def sample_loop(n):
    r = []
    for i in range(n):
        r.append(i)
    return r
def sample_comprehension(n):
    return [i for i in range(n)]

start = time.time()
sample_loop(10000)
print(time.time() - start, 'sec')
start = time.time()
sample_comprehension(10000)
print(time.time() - start, 'sec')
```

に対して

```
0.0013065 sec
0.0005357 sec
```

ある特定の環境において、append を使った 10,000 回の for ループで 1.3mS、内包を使った場合は 0.5mS の結果が得られています。

要因については、ある分析によるとリストの append 属性（メソッド）を取り出すのに時間がかかること、実際の append 処理をする際に append を関数として毎回呼び出すのですがその呼び出しに時間がかかること（内包ではリストに追加する命令を直接埋め込む）、インタープリタが解釈する命令の数が多いこと、の理由があるようです。

enumerate は、リスト（シーケンス一般）に対するループ処理をするときに、要素のインデックス番号を見るのに使えます。Python では for ループでインデックス番号を使わないのですが、それでも「何番目」という情報を得たいことがあります。その場合、enumerate を使って次のように書くことができます。

```python
input = ['東京', '大阪', '福岡']
for i, v in enumerate(input):
    print(i, v)
```

結果は

第2章　Pythonのプログラミングルール

```
0  東京
1  大阪
2  福岡
```

こうすると、インデックス情報が i として得られます。

　zip は、2つのシーケンスを同時にループするために、各要素を1組にしたシーケンスを作ることができる関数です。

```
towers = ['東京タワー', '通天閣', '名古屋テレビ塔']
heights = [330, 108, 180]
for u in zip(towers, heights):
    print(u)
```

　結果は

```
('東京タワー', 330)
('通天閣', 108)
('名古屋テレビ塔', 180)
```

のようにペアになります。

2.1.5　ラムダ式

　ラムダ式は、無名で小さな関数を生成する機能です。名前付きの関数として宣言しても同じことなのですが、コンパクトに記述することができます。たとえば、ペアのリスト

```
p = [['東京タワー', 330], ['通天閣', 108], ['名古屋テレビ塔', 180]]
```

があるときに、高さの順にソートするにはどうしたらよいでしょうか？　ソート結果を返してくれる関数 sorted を使ってみるとして、sorted(p) だけだと、ペアの第1要素を先にキーとしてソートするので、名前順にソートされます[5]。

```
[['名古屋テレビ塔', 180], ['東京タワー', 330], ['通天閣', 108]]
```

　これは望んでいる結果ではありません。そこで、key パラメタに関数を書き、ソー

---

[5]　文字列の大小比較は、Unicode の数値（コードポイント）を用いて、辞書式順序で比較します。

トキーとして各要素にこの関数を適用した結果の値を使うように指示します。

```
def extract_height(u):
    return u[1]
p = [['東京タワー', 330], ['通天閣', 108], ['名古屋テレビ塔', 180]]
q = sorted(p, key=extract_height)
```

とすれば、各要素に extract_height 関数を適用した結果の高さの数値をキーと
して、ソートをします。

```
[['通天閣', 108], ['名古屋テレビ塔', 180], ['東京タワー', 330]]
```

　プログラムとしてはこれでよいのですが、この関数 extract_height の定義が、
コンパクトにきれいに書くという趣旨に対し問題があります。第1に、関数定義は別
の場所に置くことになるので離れて見づらい、第2に、長いということです。そこ
で、ラムダ式を使います。

```
p = [['東京タワー', 330], ['通天閣', 108], ['名古屋テレビ塔', 180]]
q = sorted(p, key=lambda u: u[1])
```

　無名の関数という意味は、関数名 extract_height を陽に指定しなくてよいからです。
辞書型をソートしたいときも、同じ原理で短く書くことができます。

```
dic = {'東京タワー': 333, '富士山': 3776, '通天閣': 108, '天保山': 4.53}
print(sorted(dic.items(), key=lambda u: u[1]))
```

　この例では、dic.items() は辞書型の dic をペアのリスト

```
[['東京タワー', 330], ['富士山', 3776], ['通天閣', 108], ['天保山', 4.35]]
```

に変換するので、これをペアの第2要素つまり辞書の value 部分をキーとしてソート
せよ、ということになります。なお、ソート順序を逆の降順にしたいときは、sorted
のパラメタに reverse=True を加えます。

```
print(sorted(dic.items(), key=lambda u: u[1], reverse=True))
```

　結果は、次のようになります。

第 2 章 Python のプログラミングルール

```
[('富士山', 3776), ('東京タワー', 333), ('通天閣', 108), ('天保山', 4.53)]
```

2.1.6 オブジェクト指向

本書で使うパッケージライブラリのうち、いくつかのものはクラスとして提供され
ています。クラスの使い方は、他の言語と大差ありません。詳細はドキュメント
（https://docs.python.jp/3/tutorial/classes.html#a-first-look-at-classes）を参照してく
ださい。

本書では、すでに定義されているクラス C に対してインスタンスを生成し、それを
利用するときにクラスを使います。自分でクラスを定義する使い方はしません。すで
に定義されているクラスを利用する場合の構文は

```
instance_c = C()            <-- クラスCのインスタンスを作り、instance_cと名付ける
instance_c.methodx()     <-- instance_cのメソッドmethodx()を呼び出す
```

という程度です。クラス C のインスタンスを生成するときの引数は、クラス生成時に
実行される初期化メソッド__init()__への引数になります。

2.2 Python プログラムの書き方ルール

ここでは、Python 言語のプログラムの書き方について簡単に説明します。Python
は言語が単純ではありますが、それでもそれなりの規則・書き方のルールがあるの
で、全部を説明することは他書に譲ります[*6]。本書では、他の手続き型プログラミン
グ言語（たとえば C/C++、Java など）を多少学んだことや使ったことがあるユーザ
に対して、本書の例題の理解に必要な程度の知識を説明します。

Python の変数と式

以下の例にあるように、Python では式を計算することができます。

```
x = 2 * (3 + 4)
y = x / 7
```

[*6] たとえば『初めての Python 第 3 版』（Mark Lutz 著、夏目大訳、オライリージャパン、2009）、『入門
Python』（Bill Lubanovic 著、斎藤康毅監訳、長尾高弘訳、オライリージャパン、2015）など。

式は、普通に数学で書いているようなものですが、イコール（等号）の扱いが数学の等号と異なります。まずイコール以外の部分について説明すると、2 ＋ (3 － 4) のような式が書けますが、これは数式の $2 + (3 - 4)$ と同じ計算をします。+ や－は演算子と呼びます。乗算 × は Python では * で表し、除算 ÷ は / で書きます。

イコールは、数学の式では左辺と右辺が等しいという意味ですが、Python やその他のプログラミング言語では一般に、「右辺を計算して左辺に代入する」という意味です。

上記の例の x や y は変数です。Python の変数は型を宣言しません。むしろ計算結果に名前を付けるというイメージです。後ほど紹介するリストや辞書型の値なども変数に代入して扱います。

第 **3** 章

記述統計
～平均と分散

記述統計は、与えられたデータがおよそどのようなものであるのか、いくつかの指標を使って全体を概観的に記述しようとします。平均値は指標の一例ですが、その他にデータの散らばり方を表す分散や、さらには中心への寄り方が尖っている度合い、中心よりどちら側に偏っているかを示す指標など、データの形を表すさまざまな指標が定義されています。

それに対して推測統計は、データ全体を集めることができないときに、手元に集めたデータ（サンプル・標本）を使って全体の状況を推測したり（推定）、全体に関する仮説（言い分）が正しいか否かを判定したり（仮説検定）します。いずれも、一部を取り出したサンプルから全体を推測する手段を提供します。

本章では、記述統計で使われる統計指標について概観します。

第3章　記述統計～平均と分散

3.1 いろいろな量・データの種類

　世の中で扱われるデータにはさまざまな形のものがあります。統計で扱うデータに限定しても、数値で書かれるデータもあれば、選択肢の形のデータもあります。データの形や表すものによっては、統計での取り扱い方が制約されます。扱うデータがどういう種類のものか、どのような量を表しているのか、統計での処理を始める前に検討しておく必要があります[1]。

　議論を始める前に、不都合のある簡単な例を見て、この議論が重要であることを認識してください。10人の学生のグループがあるとします。それぞれの学生の身長のデータがあれば、平均身長を求めることができます。同様に英語の成績点数があれば、平均点を求めることができます。同じように電話番号も1人1人のデータがあれば、番号の平均を求めることができます。しかし、電話番号の平均には意味があるのでしょうか。

　もっとおかしな平均を考えてみます。同じように、10人の学生に血液型を聞きました。A型なら4点、B型なら3点、AB型なら2点、O型なら1点という値を割り付けて集計することにしました。最後に10人分の点数の平均を取ったら2.8点であったため、平均の血液型はB型とAB型の間でB型寄り、という結論を得ました。この血液型の平均値には意味があるのでしょうか。

4つの分類

　データの値の持つ意味合い、尺度を考えるとき、**表3-1**にあるような4つに分類する考え方があります。

　まず大きく分類すると、定性的なデータ（質的データ）と、定量的データ（量的データ）の2つに分類することができます。

　定性的なデータ（質的なデータ）の例としては、血液型や性別のようにどれか1つのカテゴリーに属することを示すデータや、好き・嫌いなどの選択を表すデータなどがあります。これらは性質を示すのであって、値の大きさや量の意味はないと考えられます。性質を示すという意味で質的なデータ、あるいは定性的なデータと呼んだり、カテゴリーを示すという意味でカテゴリーデータ、もしくはカテゴリカルデータ

---

[1]　Stevens, S. S.: On the Theory of Scales of Measurement Science 07 Jun 1946: Vol. 103, Issue 2684, pp. 677-680

3.1 いろいろな量・データの種類

	定性的データ（質的データ・カテゴリーデータ）		定量的データ（量的データ）	
	名義尺度	順序尺度	間隔尺度	比例尺度
説明	数としての意味はない。単なる区別のための言葉の代わり	数の順序・大小には意味がある。値の間隔には意味がない	数値として間隔に意味がある、目盛が等間隔。比率は意味がない	数値として間隔にも比率にも意味がある
性質	この数を用いて計算することはできない。出現頻度は数えられる	大小比較ができる。間隔（差）や平均（和）は意味がない	差（間隔）や和（平均）が計算できる。比率は意味がない	和・差・比率が計算できる
例	電話番号、血液型（A：1, B：2, AB：3, O：4）	スポーツの順位、（好き：4, やや好き：3, やや嫌い：2, 嫌い：1）	摂氏の温度、西暦	長さ、重さ

■ 表 3-1　4 つの尺度

と呼ぶこともあります。

　他方、量的なデータは、身長・体重のように量に意味があるデータのことで、定量的データとも呼ばれます。後で細かく議論するように、平均値を取ったり、間隔・比率などを計算することができます。

　ここで気を付けたいのは、データが数字で書かれているからと言っても、間隔や比率などの計算の対象にならない場合があることです。上に述べたおかしな平均の例はこの場合に相当します。電話番号は数字の並びではあっても、数としての大小比較や足し算・引き算は意味がありません。同じように、血液型に便宜上 A 型なら 4、B 型なら 3、AB 型なら 2、O 型なら 1 という点数を割り付けた例でも、識別のための数字であって数値の計算の対象にはなりません。

定性的データ

　定性的なデータは、名義尺度と順序尺度に分かれます。

　名義尺度は、電話番号や車のナンバー、上の例での血液型に付けた番号などのように、識別のためだけの数字（番号）です。同じ番号が付いていれば同じグループに属すると言えますが、数としての大小比較や計算は、まったく意味がありません。電話の相手を区別するための識別符号として、数字の並びが使われています。たとえばグループ 10 人の電話番号の平均値は、計算することはできますが値としての意味はないでしょうし、「私の番号はあの人より大きい」と言っても意味がないでしょう。名義尺度は量としての意味がないので、定性的なデータです。

33

第 3 章 記述統計～平均と分散

　順序尺度は、識別できることに加えて、順序に意味がある尺度です。たとえば順位がこれに相当します。成績の順位で言えば、1 位は 2 位より成績が良い、2 位は 3 位より成績が良い、ということを表現できます。しかし、1 位と 2 位の間隔（差）と、2 位と 3 位の間隔（差）は、尺度の上では同じ 1 ですが、実際の差は同じではありませんし、差に意味はありません。また 2 位は 4 位の 2 倍成績が良いとも言えません（比に意味がない）。順序尺度も量としての差や比に意味がないので、定性的なデータです。

定量的データ

　定量的なデータは、量の大小に意味があるデータで、間隔尺度と比例尺度の 2 つに分かれます。

　間隔尺度は、目盛が等間隔になっている数値のデータのうち、ゼロ点に意味がない尺度です。この場合、順序と間隔には意味があるが、比に意味がありません。たとえば摂氏の温度をエネルギー量の指標と考えるときが、これに当たります。まず、10 ℃ より 20 ℃ の方が（エネルギー量が）大きく、20 ℃ より 30 ℃ の方が大きいという関係が成り立ちます。さらに、1 リットルの水を 10 ℃ から 20 ℃ に加熱するエネルギーと、20 ℃ から 30 ℃ に加熱するエネルギーは同じです。つまり、温度の差はエネルギー量の差としての意味があります。和や差に意味があるので、平均値にも意味があります。しかし、比率を考えると、20 ℃ の水は 10 ℃ の水の 2 倍のエネルギーを持っているわけではなく、比率には意味がありません。これは摂氏温度のゼロ点が、エネルギー的なゼロ点を表していないからです。

　比例尺度は、目盛が等間隔な上に、ゼロ点に意味がある尺度です。長さや重さなどはこれに当たります。距離は、1m より 2m が長く（比較に意味がある）、0 から 1m までの長さと 1m から 2m までの長さが等しく（差が意味がある）、2m は 1m の 2 倍（1m を 2 回繰り返せば 2m になる）になります。このように、比例尺度のデータは、順序にも間隔にも比率にも意味があり、加減乗除を自由にできますし、平均値などにも意味があります。なお、上記の温度の例では、ケルビン温度（絶対温度）を使えばゼロ点がエネルギーゼロに対応し、$200°K$ のときのエネルギーは $100°K$ の 2 倍と言えます。

　このように、尺度によってできる計算処理が違ってくる、もしくはある計算処理は意味を持たない、ということが起きるので、注意をする必要があります。

　もう少し例を見てみましょう。アンケート調査で、選択肢を「数」で表すことがあります。たとえば「好き：4」「やや好き：3」「やや嫌い：2」「嫌い：1」のような表

34

し方をすると、コンピュータによる集計を行う際に便利なので、しばしば使われています。さて、このアンケートの結果の尺度はどれに当たるでしょうか。元の区分の並び順を見ると、「好き > やや好き > やや嫌い > 嫌い」という関係は成り立っていそうなので、順序尺度にはなるでしょう。間隔については、好きとやや好きの間隔、やや好きとやや嫌いの間隔、やや嫌いと嫌いの間隔がそれぞれ等しいと言えるでしょうか。もし言えるような環境ならば間隔尺度になるでしょう。言えなければ順序尺度にとどまることになります。

このように、数値になっているデータであっても、その数値の由来・定義をよく確認して統計処理を行う必要があります。

3.2 平均

10 人の日本人男性の身長を測った**表 3-2** のようなデータ例があるとします。

	A	B	C	D	E	F	G	H	I	J
身長 (cm)	168.3	179.2	165.8	170.5	188.2	174.6	162.8	175.5	178.1	177.1

■ 表 3-2　10 人の身長

このデータは身長という 1 種類のデータを 10 人分集めたものなので、1 次元のデータと呼ぶことにします。また、この身長の値のように、取ってきたサンプル（A の身長、B の身長、…、J の身長）によって変わる値を変数と呼ぶことにします。

このような身長のデータがあるとき、全部のデータを 1 つ 1 つ書き並べるのではなくて、その全体像を少数の指標で表したいとします。その指標としてまず思い浮かぶのが「平均」と「分布」でしょう。

3.2.1　平均

すでにどこかで習ったことでしょうが、再確認しておきます。平均は、1 つの値で全体を表そうとする「代表値」です。よく使われるのは、全部の要素を足して要素の個数で割った「算術平均」ですが、その他にもいろいろな種類の代表値があります。

算術平均

算術平均（arithmetic mean）は、すべての値を足して個数で割るという、よく使われる平均です。式で書けば、i 番目のデータの値を $x_i (1 \geq n \geq N)$、個数を N とすると

$$算術平均 = \frac{\sum_i x_i}{N}$$

です。$\sum_i x_i$ はそれぞれのデータの総和 $x_1 + x_2 + \cdots x_N$ を表しています。

表 3-2 の身長データの算術平均値は、

身長の算術平均 $= (168.3 + 179.2 + 165.8 + \cdots + 177.1)/10 = 174.01$

となりました。つまり、この 10 人の身長の平均値は、174.01cm であるという結論です。

メジアン（中央値）

メジアン（もしくはメディアン、英語は median）は、データを大きさの順に並べたときに全体の中央、つまり最大を取るデータと最小を取るデータのちょうど中間（中央）の位置にあるデータです。データの個数が偶数のときは中央の 2 個の平均を取ります。表 3-2 のデータをソートして小さい方から並べた結果が**表 3-3**ですが、データの数が 10 個で偶数なので、メジアンは 5 番目と 6 番目の平均を取ります。この例の場合は 174.6 と 175.5 なので、メジアンは 175.0 ということになります。

	G	C	A	D	F	H	J	I	B	E
身長 (cm)	162.8	165.8	168.3	170.5	174.6	175.5	177.1	178.1	179.2	188.2

■ 表 3-3　10 人の身長を昇順にソート

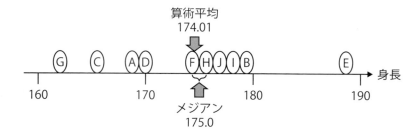

■ 図 3-1　10 人の身長（算術平均とメジアン）

モード（最頻値）

モード（mode）は、出現回数が最も多い値です。身長データでは全員がばらばらで同じ値の人がいなかったので（この点は後で少し議論しますが）すべての値の出現頻度は 1 となり、比較できませんでした。そこで、別のデータを見てみましょう。代わりに同じ 10 人の年齢を調べたとします。**表 3-4** のような値だったとして、年齢別の頻度（度数）を数えてみると、**表 3-5** のような頻度分布（度数分布）が得られます。

	A	B	C	D	E	F	G	H	I	J
年齢 (歳)	19	21	19	20	22	19	20	21	20	20

■ 表 3-4　10 人の年齢

年齢 (歳)	19	20	21	22
頻度	3	4	2	1

■ 表 3-5　10 人の年齢別頻度分布

この例の場合、モードは最も頻度が多い年齢を採ります。20 歳が 4 人で最も多いので、モードの値は 20 になります[*2]。

平均は、とにかく 1 つの値でこのデータの全体像を表す代表値と考えられます。たとえば、このグループと別のグループとを比較して、どちらが背が高いと議論することができますし、日本全国の同年代の人の身長の平均値と比較して、全国に比べてこのグループは背が高いという議論もできるでしょう。グループを代表する値としてどのような平均が良いのかは、その用途によります。

---

*2　もし最頻値が 2 か所以上あった場合、たとえば

年齢 (歳)	19	20	21	22
頻度	1	4	4	1

のような場合には、モードつまり最も頻度の高い年齢は 20 と 21 と言わざるを得ません。算術平均やメジアンに比べて「平均値」が複数になることは奇異に感じられるかもしれませんが、出現頻度が最も多いという定義であることから、このようになります。また、もしすべての頻度が同じ値である場合は、モードはなしとします。

第3章 記述統計〜平均と分散

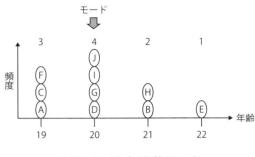

■ 図 3-2　10 人の年齢のモード

　上記の他にも、平均値の取り方には用途によっていろいろあります。**幾何平均**は足し算の代わりに掛け算を用いた平均で

$$幾何平均 = \sqrt[n]{x_1 \times x_2 \times \cdots \times x_n}$$

で定義されます。たとえば、時系列データで幾何級数的に、つまり前の期の何倍の比率に増える・減るという議論をしているときに、この比率の平均を取る目的などで使われます。

　もう 1 つときどき見かけるのが、**トリム平均**（調整平均）です。これはデータの中から極端に大きいもの、極端に小さいものを除外（トリム）してから平均を取る方法です。「はずれ値」を取り除く効果を期待して、トリム平均を取ります。まずデータ全体を大きさの順にソートしておき、データ全体の個数のうち一定の（別に決めてある）割合、たとえば 5% や 10% などのデータ点を両端から取り除いて、その上で平均を取ります。前述の身長データを例に使うと、10 人のデータのうち最高と最低の側からともに 10%、つまり 1 点ずつを除外することにすると、除外されるのは G の値 162.8 と E の値 188.2 になり、全体は 8 人となって**表 3-6** のようになります。この中で、（算術）平均値

$$(165.8 + 168.3 + \cdots + 179.2)/8$$

を求めると、173.6375 となりました。

	C	A	D	F	H	J	I	B
身長 (cm)	165.8	168.3	170.5	174.6	175.5	177.1	178.1	179.2

■ 表 3-6　10 人の身長から両側 10% を除外した結果

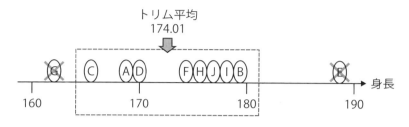

■ 図 3-3　10 人の身長（トリム平均）

　このように、平均値と言っても用途・目的に応じていろいろな取り方がありますが、いずれにしても 1 つの値で元のデータ全体を代表させようとしたものです。1 つのグループの値を 1 つの値で代表させることによって、異なるグループ間での比較ができたりします。たとえば、「最近の小学生は背がどんどん大きくなっているね」ということを確かめるために、全国の小学校 1 年生の身長のデータを 1 人 1 人ではなく平均値で比較して、10 年前の身長の平均値より大きくなった、と言うことができます（実際には、平成 18 年度 6 歳の平均値 116.6cm に対して 28 年度は 116.5cm と、平均値ではほんのわずか減っているのですが[*3]）。

3.2.2　Python で平均値を計算する
算術平均を計算する
　では、Python を使っていろいろな平均をプログラムで計算してみましょう。わざわざコンピュータを使わなくても電卓でも計算できますし、Excel でも簡単に計算できますが、Python の使い方、書き方に慣れるために使ってみましょう。まずは、表 3-2 で見た身長のデータの算術平均を計算してみます。念のために算術平均の定義を思い出しておきましょう。

$$算術平均 = \frac{\sum_i x_i}{N}$$

[*3]　学校保健統計調査　http://www.e-stat.go.jp/SG1/estat/NewList.do?tid=000001011648

第3章　記述統計～平均と分散

　ここでは、10 人の身長データを 1 かたまりにして扱います。一般に Python では、データをなるべくかたまりとしてリストの形で扱います。身長のデータも 1 つ 1 つの数値ではなくて、10 人分のデータ全体を 1 つの「リスト」として扱います。

　リストは、名前のとおり「リスト」（表、データが並んだもの）ですが、プログラムでは 1 次元に並んだもののことを言います。1 つ 1 つの要素（中身）は、ここでは数（数値）ですが、他のものでもかまいません[*4]。次のプログラムでは、10 人分の身長の数値を、リスト [168.3, 179.2, 165.8, 170.5, 188.2, 174.6, 162.8, 175.5, 178.1, 177.1] として作り、それを変数 height に代入しています。本格的にデータを処理し始めれば、データはファイルから読み込むことが多いと思いますが、最初の例なので難しいことはせずに、リストのデータがあるというところから始めましょう。

■ リスト 3-1　平均値の計算（1）

```
height = [168.3, 179.2, 165.8, 170.5, 188.2,
          174.6, 162.8, 175.5, 178.1, 177.1]
average =  sum(height)/len(height)
print(average)
# 出力結果は、174.00999999999996
```

　次に、そのリストに対して、合計を取る仕掛け（**関数**と呼びます）sum を働かせて、合計を計算します。それが sum(height) です。算術平均の定義の分子の部分 $\sum_i x_i$ を計算することになります。

　もう一方で、分母がほしいわけですが、分母はデータの個数 N です。これは、リスト height の要素の個数を数えてしまうのが簡単でしょう。リストの要素の数を数える仕掛け（関数）は、len です。リスト height に関数 len を働かせる、つまり len(height) とすれば、分母 N の値が求められます。

　あとは、分子を分母で割るのみです。Python では割り算は / で書きます。つまり、sum(height)/len(height) です。

　この結果を、average = sum(height)/len(height) によって、変数 average に代入しておきます。その計算結果の平均値（average の中身）を print(average) で印刷表示すれば、終わりです。

　実際に実行してみた結果が、**図 3-4** です。

[*4]　たとえば文字の並んだ「文字列」を要素にすることもあります（['山田', '田中', '佐藤']）。

40

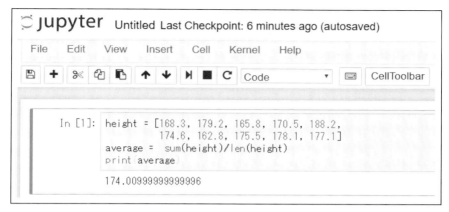

■ 図 3-4　10 人の身長の算術平均を計算した Python のプログラム

> **関数**
>
> 関数のイメージは、数学で習う $y = f(x)$ でよいでしょう。たとえば、$\sin(x)$ ならば x を与えると x のサインの値 $\sin(x)$ を返してくれるもの、ということになります。Python でも同じように、関数 sum(x) に x を与えると合計を返してくれるもの、ということです。ただし、$\sin(x)$ のときの x は角度（ラジアン）の値ですが、sum(x) のときの x は数値のリストで、そのリストに載っているすべての数値の和を返してくれます。
>
> このように、プログラミング言語では一般に、関数に与える値（引数と呼ぶ）も、関数が返してくれる結果（戻り値と呼ぶ）も、数値とは限りません。この例では引数はリストで、戻り値は数値でした。別の例では、関数 sorted() というのがありますが、引数にリストを渡すと、そのリストの要素を大きさの順に並べ替え（ソート）た結果をリストとして返します。出力もリストなわけです。また、関数 print() はすでに見ましたが、これは引数はどんなものでも（たいていは）よくて、その引数に与えられたものを表示します。戻り値はありません。

Python で算術平均を一発で計算する関数はないのでしょうか？　上記では簡単な計算ができるという感覚を確認するためにわざわざ合計 sum(x) を個数 len(x) で割って求めましたが、実はライブラリパッケージ statistics の中に一発で算術平均を求める関数があります。次のメジアンやモードを計算する関数と一緒に紹介し

第3章　記述統計〜平均と分散

ます。

メジアンやモードを計算する

　メジアン（中央値）の場合、その定義を考えると、データを大きさの順に並べた上
で、その中央に位置する要素を選ぶという手順が必要になります。しかし、これは結
構やっかいです[*5]。そこで、一発で計算してくれる出来合いの関数を使うことにしま
す。この関数は、ライブラリパッケージ statistics に入っています。

　順序が前後しますが、算術平均の値も同様に一発で計算できる関数が用意されてい
ます。これもメジアンと一緒にプログラムでの書き方を紹介します。

　ライブラリパッケージが出てくるのは初めてなので、簡単に説明します。ライブラ
リパッケージは、Python の（言語処理系の）本体の外側にあって、プログラムの先
頭で取り込んで使います。Python は何にでも使う「汎用」の言語なので、すべての
分野の機能を本体に盛り込むととても大きくなってしまいます。そのため、パッケー
ジにして外に出してしまい、本体を小さくしています。

　また同時に、ある用途に特化した機能を本体の外に出す仕組みを取り入れることに
よって、いろいろな人（ボランティアのプログラマー）がそれぞれの用途に特化した
ライブラリを後から追加提供できる仕組みになっています。実際、Python の利用範
囲が広がるにつれて、当初 Python の本体を作っていた人たちが（専門外なので）作
れないようなさまざまな分野のライブラリが、大量に追加提供されてきています。

　このような仕組みは、他の言語、たとえば Java、Perl や統計で使われる R につい
ても同じです。特に Python や Perl、R ではさまざまな人が作ったライブラリを共有
するための仕組み（レポジトリ）が用意され、そこに登録されたライブラリは簡単に
取り込むことができるようになっています。Python では第 1 章で触れた pip コマン
ドで簡単に取り込むことができます[*6]。

　算術平均値やメジアン、モードの計算をするための statistics ライブラリパッ
ケージは、Python の本体をインストールしたときに同時にインストールされている
ので、pip を用いてレポジトリからダウンロードする必要はありません。しかし、あ
くまで Python 本体の外側なので、Python を実行する中で（普通はプログラムの先頭

[*5]　大きさの順に並べ替えるのは簡単（一発で並べ替えられる関数がある）だとしても、データの数が奇数と偶
　　　数の場合に分けて、偶数の場合には真ん中の 2 つの平均を取るという手順が必要です。

[*6]　pip とライブラリ共有のためのレポジトリ PyPi については、https://pypi.python.org/pypi を参照してく
　　　ださい。

42

3.2　平均

で）パッケージを取り込む（import する）必要があります。import には 2 つの書き
方があります。1 つは

■ リスト 3-2　パッケージ statistics の算術平均関数を使う

```
from statistics import mean        # <-- statisticsパッケージからmeanをimport
height = [168.3, 179.2, 165.8, 170.5, 188.2,
          174.6, 162.8, 175.5, 178.1, 177.1]
average =  mean(height)            # importしたmeanを使う
print(average)
```

　もう 1 つは

■ リスト 3-3　パッケージ statistics の算術平均関数を使う

```
import statistics             # <-- statisticsパッケージをimport
height = [168.3, 179.2, 165.8, 170.5, 188.2,
          174.6, 162.8, 175.5, 178.1, 177.1]
average =  statistics.mean(height)         # importしたstatisticsの中のmeanを使う
print(average)
```

　この違いは、上の形では statistics パッケージから mean という関数を抜き
出して import し、mean という名前で使うのに対して、下の形では statistics
パッケージを import して、使うときは statistics.mean、つまり statistics
パッケージの mean という指定の仕方で呼び出しています。

　上の場合は、呼び出し時にライブラリ名 statistics を付けずに済むため楽では
ありますが、import のときに mean を名指しで取り込まなければなりません。下の
場合は一括で statistics 全体を import しているので（これは正確ではなくて、
statistics というライブラリの名前を取り込んだだけなので、その中のいろいろ
な関数を全部取り込んでもメモリが膨れるということはありません）。関数を呼び出
すときに毎回 statistics.mean のようにライブラリ名を付ける必要があります。

　実はもう 1 つ方法があります。

■ リスト 3-4　パッケージ statistics の算術平均関数を使う

```
from statistics import *  # <-- statisticsパッケージからすべてをimport
height = [168.3, 179.2, 165.8, 170.5, 188.2,
          174.6, 162.8, 175.5, 178.1, 177.1]
average =  mean(height)  # <-- importした中にmeanも含まれている
print(average)
```

　これは、import のときにその中のすべての関数を取り込むので、無駄にメモリを消

第3章　記述統計〜平均と分散

費するという議論があります。どれも動作しますし、それほどぎりぎりで動かしているわけではないので、本書ではどの書き方でもよいことにします。

　試してみると、結果は

```
174.01
```

となります。

　少しだけ、プログラムの書き方に触れておきます。上記の例では、まずリストのデータを変数 height に代入し、次に関数 mean を呼び出して平均値を計算してその結果を変数 average に代入し、最後にその変数 average を印刷（画面表示）するという手順でした。変数に代入すると、後から繰り返しその値を使うときには毎回計算しなくてよいので便利ですが、このプログラム例では 1 回しか使いません。したがって、わざわざ変数 height に代入しなくても、直接 mean に

```
average = mean([168.3, 179.2, 165.8, 170.5, 188.2,
          174.6, 162.8, 175.5, 178.1, 177.1])
```

のように食わせてしまえば済むことです。同じことは print(average) にも言えて、average の内容を print() の括弧の中に書いてしまえば済みます。そのようにして、すべて一括して食わせてしまうと

```
print(mean([168.3, 179.2, 165.8, 170.5, 188.2,
        174.6, 162.8, 175.5, 178.1, 177.1]))
```

のように書くことができます。これで正しく計算します。これからは、このような形でもプログラムを書いていきますので、分からなくなったら変数に置き換えて分解してみてください。

　statistics パッケージには、算術平均（mean）の他、メジアン（median）、モード（mode）などの関数が含まれています。マニュアルは https://docs.python.jp /3/library/statistics.html にあります。

3.2 平均

■ リスト 3-5　パッケージ statistics のメジアン関数・モード関数を使う

```
from statistics import median, mode
print(median([168.3, 179.2, 165.8, 170.5, 188.2,
              174.6, 162.8, 175.5, 178.1, 177.1]))
# 出力結果は  175.05
print(mode([19, 21, 19, 20, 22, 19, 20, 21, 20, 20]))
# 出力結果は  20
```

　ここでは、import 文で 2 つの関数 median と mode を取り込んでいます。メジアンは算術平均と同じ身長データを使いましたが、前項に説明したとおりデータの個数が 10 個で偶数なので、中央は 5 つ目と 6 つ目の 2 要素の平均を取っています。結果は 175.05 と出ました。モードは 20 という結果です[*7]。

幾何平均やトリム平均を計算する

　幾何平均はめったに計算することがないかもしれませんし、定義に従って自分で簡単に計算ができるかもしれませんが、後述する scipy パッケージの中に関数 gmean があります。

■ リスト 3-6　パッケージ statistics の幾何平均関数を使う

```
from scipy.stats import gmean
print(gmean([1, 2, 4, 8, 16]))
出力結果は  4.0
```

幾何平均を自前で計算する

参考のために、幾何平均

$$幾何平均 \quad = \sqrt[n]{x_1 \times x_2 \times \cdots \times x_n}$$

を定義に従って自分で計算する場合は、次のようなプログラムを書くことができます。後述する数値の計算用ライブラリ NumPy を使います。

[*7]　最頻値が複数になる場合、この statistics の mode はエラーになります。

45

第3章　記述統計〜平均と分散

■ リスト3-7　幾何平均を自前で計算する

```
import numpy as np
x =  np.array([1, 2, 4, 8, 16])
print( np.power(x.prod(), 1/len(x)) )
# 出力結果は  4.0
```

まず、パッケージ numpy を import しますが、関数を呼び出すときに逐一 numpy.xxx のように書くのが面倒なので、短縮した名前 np を付けておきます。次に、リスト [1, 2, 4, 8, 16] を np.array([...]) で numpy の array 型に変換します。numpy を使う理由は、次の x.prod() を使いたいからです。

x.prod() は numpy の array 型（クラス）の変数 x に対して、array クラスに付属するメソッド prod() を適用するという意味ですが、prod() のうまいところはすべての要素の積を取ってくれる（ベクトルの内積）ことです。つまり幾何平均の定義にあるすべての要素の積を、これで計算してしまえるわけです（もちろん1つ1つ掛け合わせてもいいのですが）。

そのようにして得たすべての要素の積に対して、定義では、要素の個数 N とするときの N 乗根を計算します。これは、numpy の累乗（X 乗）の関数 np.power を使って、X の部分を $1/N$ にします。これで積の N 乗根を計算することができます。

トリム平均は、後述するパッケージ scipy.stat の中に、trim_mean というメソッドがあり、これを使うと一発で計算できます。元のデータを x に代入しておき、stats.trim_mean で x に対して両側から 0.1（10%）ずつをトリムして、平均を取ります。

■ リスト3-8　トリム平均の計算

```
from scipy import stats
x = [168.3, 179.2, 165.8, 170.5, 188.2,
        174.6, 162.8, 175.5, 178.1, 177.1]
print(stats.trim_mean(x, 0.1))    # xに対して両側から0.1ずつトリムして平均
# 出力結果は  173.6375
```

3.3 頻度分布・分散・偏差

3.3.1 頻度分布

平均は、全体を1つの数に集約する、つまり代表は1人だけで表しますが、これでは全体の様子、ばらつきの広がり具合や、実は一方に偏っているなど、細かいことが分かりません。もちろん、すべての数字を書けば全部を表すことにはなりますが、それではまったく情報が圧縮されていないわけで、もう少し全体を眺め渡す捉え方が考えられます。

1つ目は頻度分布図、別名ヒストグラムです。それぞれの値の起こる頻度（回数）を数えて、（棒）グラフにしたものです。**図 3-5** に例を示します。

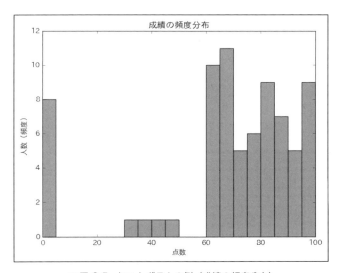

■ 図 3-5 ヒストグラムの例（成績の頻度分布）

念のためにこの分布の元データを見ておきましょう（**表 3-7**）。

データの全体の概要を見るという立場からは、やはり元データでは細かすぎるでしょう。頻度分布にすると履修者がどのような成績を取ったのか、分布の全体像が見えます。前項で見た平均値は、算術平均を求めると 67.74 点になりますが、1点だけでこの分布を代表することになります。たとえば過去5年間の成績の推移を見るなどの目的では1点だけの方がやりやすいですが、この年の履修の様子を見るような目的

第3章 記述統計〜平均と分散

学生番号	1	2	3	4	5	6	7	8	9	10
1〜10	0	95	60	30	0	60	67	67	65	80
11〜20	100	91	0	0	83	67	90	91	73	61
21〜30	74	99	44	75	98	98	68	69	79	95
31〜40	87	87	60	78	100	0	63	72	75	79
41〜50	69	60	83	83	65	80	73	85	0	60
51〜60	80	60	92	99	81	66	48	83	97	68
61〜70	77	89	0	89	0	62	88	37	87	93
71〜74	60	83	71	65						

■ 表 3-7　成績の元データ

では、平均点だけでは分布図にあるような0点の履修者や40点前後の履修者が見えなくなります。

階級（区分）の数

　ところで、前述の成績データがあるとき、点数をどういう階級（区分）で分けて頻度を数えるか、という問題があります。極端には1点ずつの階級にして人数を数えることもできますが、それぞれの階級での人数が1人、あるいは0人になって、全体のイメージがつかめません（**図 3-6**）。また身長や体重のように整数でない（もともと離散的でない）データの場合はどこまで階級を細かくすればよいのか分かりません。

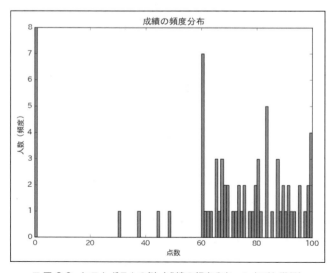

■ 図 3-6　ヒストグラムの例（成績の頻度分布、1点ごと階級）

3.3 頻度分布・分散・偏差

どのぐらいの階級区分にしたらよいのかという目安として、**スタージェスの式**があります。n をサンプル数とするとき

$$階級の数の目安 = 1 + \log_2 n$$

とします。それで、求めた目安の近くで都合の良い数、かつ見た目がほしい形になる数を調整して見つける、というのが 1 つの方法です。この他にもいろいろ提案されていますが、分布の形にも依存するので一律にベストが得られる方法があるわけでもなさそうです。

3.3.2　四分位範囲と箱ひげ図

頻度分布よりはもう少し粗く、でも平均値 1 つだけよりはもう少し細かく、データの散らばり具合を表す方法として、**四分位範囲**と**分散・標準偏差**の 2 つのスタイルが使われています。

四分位範囲は、散らばり方を直観的、視覚的に表そうとするもので、データ全体を大きさの順に並べて 4 等分して見せるという考え方です。大きさの順で小さい方から 1/4 のところの値を**第 1 四分位数**、2/4 のところの値を**第 2 四分位数**、3/4 のところの値を**第 3 四分位数**と呼びます。第 2 四分位数は、ちょうどメジアン（中央値）に一致します。

成績のデータを点数順に並べると

0	0	0	0	0	0	0	0	30	37
44	48	60	60	60	60	60	60	60	61
62	63	65	65	65	66	67	67	67	68
68	69	69	71	72	73	73	74	75	75
77	78	79	79	80	80	80	81	83	83
83	83	83	85	87	87	87	88	89	89
90	91	91	92	93	95	95	97	98	98
99	99	100	100						

のようになるので、全体の 74 データの 1/4 のところは $(1 + (74 - 1)/4)$ = 19.25 番目（19 番目と 20 番目の間で 19 から 0.25 分だけ 20 へ寄ったところ）で値は 60.25、3/4 のところは 55.75 番目（55 番目と 56 番目の間で 55 から 0.75 分だけ 56 へ寄ったところ）で値は 87 となります。

四分位は、平均（真ん中）だけでなく 1/4、3/4 の点も表すので、平均値だけより

49

は散らばり具合の情報が追加されます。

四分位を視覚的に表す方法として**図 3-7** のような**箱ひげ図**が使われます。図の「箱」の部分が第 1 四分位から第 3 四分位までを表し、その中の線がメジアン（中央値）を表します。上下に出ている「ひげ」は最小値、最大値を表しています。これらによって、一目で値の散らばり方が分かるというわけです。

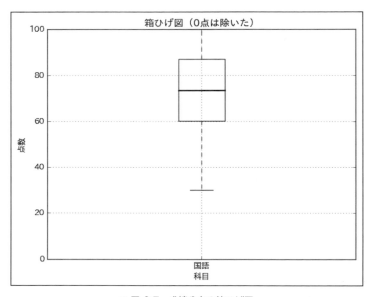

■ 図 3-7　成績分布の箱ひげ図

3.3.3　分散

分散は、データの散らばり具合を 1 つの指標で示す値で、個々のデータ x_i と算術平均 $\overline{X}$ の差 $(x_i - \overline{X})$ の二乗の和をデータの個数で割った値

$$分散 = \frac{\sum_i (x_i - \overline{X})^2}{n}$$

で表されます。個々のデータが平均値からどれだけ離れているかの距離 $(x_i - \overline{X})$ を二乗して合計し、データの個数で割ることで標準化した値です。

また、**標準偏差** σ はこれの平方根

$$\text{標準偏差}\sigma = \sqrt{\text{分散}} = \sqrt{\frac{\sum_i (x_i - \overline{X})^2}{n}}$$

です。分散はデータの二乗に基づいて計算したので値が 2 倍になれば分散は 4 倍になってしまいますが、標準偏差はその平方根を取っているので、値と同じように 2 倍になります。

分散・標準偏差の分母

教科書によっては、分散・標準偏差の計算で、分母を $(n-1)$ としたものがあります。

$$\text{分散}\ v = \frac{\sum_i (x_i - \overline{X})^2}{n-1}$$

$$\text{標準偏差}\sigma = \sqrt{\text{分散}} = \sqrt{\frac{\sum_i (x_i - \overline{X})^2}{n-1}}$$

これは、元データ（母集団）の一部を取り出して標本（サンプル）とし、その標本についての分散を計算して標本の分散から母集団の分散を推定したい、と考えるときに出てくる概念です。

標本の上での分散は、標本 x_i について同じ形の式で求められますが、この値は母集団の分散と異なることが分かっています。この議論の詳細は他の統計の教科書に譲りますが、標本から母集団の分散の推定値（「不偏分散」）を求めるには、分母を $(n-1)$ に置き換えた上記の式を使います。特に、データ数 n が少ない場合にはこの差が顕著に表れるので注意を要します。

Python の数値計算ライブラリ numpy での分散・標準偏差の関数 var は、パラメタ ddof の指定により上記のどちらかを選択できますが、パラメタを指定しないデフォルト値（ddof=0）での計算は、単純に n で割った値を計算します。それに対して、たとえば統計解析パッケージ R での分散の関数 var のデフォルトは、分母を $(n-1)$ とした普遍分散を計算するので、結果の値に違いが出ます。

標準偏差をデータの散らばりの指標として役立つ、次のような性質があります。

平均 μ、標準偏差 σ の正規分布では

$\mu \pm \sigma$ の範囲には、全体の約 68.27% のデータが含まれる。

$\mu \pm 2\sigma$ の範囲には、全体の約 95.45% のデータが含まれる。

$\mu \pm 3\sigma$ の範囲には、全体の約 99.73% のデータが含まれる。

この様子を**図 3-8** に示します。この性質は、正規分布に似た左右対称の釣り鐘型の分布にある程度当てはまることが経験上知られているので、そのような分布についておおよその見当に使うことができます。

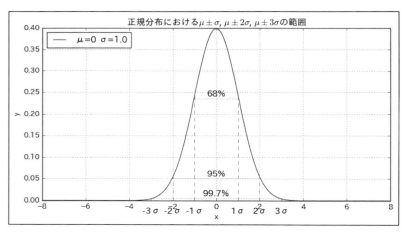

■ 図 3-8 釣り鐘型分布で $\mu \pm \sigma$、$\mu \pm 2\sigma$、$\mu \pm 2\sigma$ の範囲に含まれるデータ

厳密にどのような形の分布でも当てはまる式が、**チェビシェフの不等式**です。

$$(|x - \mu| \geq k \cdot \sigma) となる確率 \leq \frac{1}{k^2}$$

これによって、どのような形の分布であっても

$\mu \pm 2\sigma$ の範囲には、少なくとも全体の 3/4（75.0%）のデータが含まれる。

$\mu \pm 3\sigma$ の範囲には、少なくとも全体の 8/9（約 88.9%）のデータが含まれる。

$\mu \pm 4\sigma$ の範囲には、少なくとも全体の 15/16（約 93.8%）のデータが含まれる。

が言えます。ただ、これは分布の形によらない下限を示したものなので、上記の正規分布に限定した場合に比べるとかなり小さめ（悲観的）な値になっています。たとえば平均値から $\pm 2\sigma$ の範囲に含まれるデータの割合は、正規分布に対しては 95.45%

であるのに対して、任意の分布に対するチェビシェフの不等式では 75.0%、±3σ では正規分布の 99.73% に対して任意の分布では 88.9% となっています。

3.3.4　Python で頻度分布図を描く

　ここでは Python で頻度分布のグラフを描いてみます。グラフを描くときの準備と、グラフ自身の生成の 2 つに分けて見てみます。

グラフを描く環境の準備〜matplotlib の導入

　Python でグラフを描くときに使うライブラリパッケージは、matplotlib です。Matplotlib は Python で使える 2 次元（2D）のプロッティングライブラリで、点を取ってグラフを描くことができます。その中でも、pyplot に含まれる一連の機能は簡単に使うことができて便利なので、ここではそれを主に使います。

　パッケージ matplotlib は、pip コマンドでインストールします。

```
pip install matplotlib
```

　Jupyter Notebook の環境で matplotlib を同じウィンドウに表示したいときは、プログラムの先頭に 1 行　%matplotlib inline を挿入します。

```
%matplotlib inline        # この行を追加する
import matplotlib.pyplot as plt
その他のimport
プログラム本体
```

　行頭の % を忘れないでください。これによって**図 3-9** のように matplotlib で描いたグラフなどが表示されます。これをしないと、Jupyter Notebook で実行ボタンをクリックしても何も表示されません。

　matplotlib を使うには、図 3-9 の例に示すようにいくつかの文が必要です。これらはかなり定型的なので、他のプログラムのまねをするのも 1 つの方法です。

第 3 章　記述統計〜平均と分散

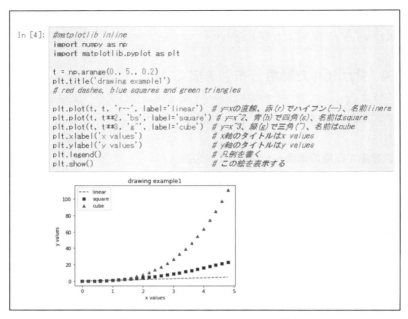

■ 図 3-9　matplotlib の %inline 指定

■ リスト 3-9　matplotlib でグラフを描くプログラム例

```
import numpy as np                    # numpyをnpとしてimport
import matplotlib.pyplot as plt       # matplotlibのpyplotをpltとしてimport

t = np.arange(0., 5., 0.2)            # 0から5まで、0.2おきに数を生成→リストtへ

plt.title('drawing example1')         # グラフのタイトルを描く
plt.plot(t, t, 'r--', label='linear') # y=xの直線を描く
plt.plot(t, t**2, 'bs', label='square') # y=x**2の放物線を描く
plt.plot(t, t**3, 'g^', label='cube') # y=x**3の3字曲線を描く
plt.xlabel('x values')                # x軸のラベルを描く
plt.ylabel('y values')                # y軸のラベルを描く
plt.legend()                          # 凡例を描く
plt.show()                            # 図全体を出力（表示）する
```

　この中で、先頭に plt の付いているのが matplotlib.pyplot のコマンドです。最後の plt.show() が実際に図を出力するコマンドで、それまでの plt は図を準備するコマンドです。plt.title は図のタイトルを描くコマンドで、文字列を描くことができます。plt.plot は点をプロットするコマンドで、初めの 2 つの引数に x 座標と y 座標（のリスト）を与えます。1 行目は (t, t) の点なので $y = x$ の

直線を描きます。2 行目は (t, t**2)[8]で $y = x^2$ の曲線、3 行目は (t, t**3) で $y = x^3$ の曲線を描きます。xlabel と ylabel は x 軸、y 軸のラベルとして文字を描きます。legent は凡例を描きます。最後に全体を plt.show() で描き出します。

実際に使い始めて細かい指定が必要になった場合は、matplotlib のマニュアル[9]を参照するとよいでしょう。

頻度分布図（ヒストグラム）を描く

表 3-7 で見た成績データを元に、**リスト 3-10** に示すような頻度分布図を描く Python のプログラムを考えます。

まず、成績データをプログラム内にリストとして書き込んだプログラム例を紹介しましょう。

■ リスト 3-10　成績データから頻度分布図を描くプログラムの例

```
import numpy as np
import matplotlib.pyplot as plt
x = [0, 95, 60, 30, 0, 60, 67, 67, 65, 80,
    100, 91, 0, 0, 83, 67, 90, 91, 73, 61,
    74, 99, 44, 75, 98, 98, 68, 69, 79, 95,
    87, 87, 60, 78, 100, 0, 63, 72, 75, 79,
    69, 60, 83, 83, 65, 80, 73, 85, 0, 60,
    80, 60, 92, 99, 81, 66, 48, 83, 97, 68,
    77, 89, 0, 89, 0, 62, 88, 37, 87, 93,
    60, 83, 71, 65]
plt.hist(x, bins=20, color='gray')
plt.title('成績の頻度分布')
plt.xlabel('点数')
plt.ylabel('人数（頻度）')
plt.show()
```

先頭の 2 行で、ライブラリ numpy と matplotlib.pyplot をプログラム内に読み込みます。それぞれに短い名前を付けて、np と plt と呼ぶことにします。

3 行目から始まる x = [0, ..., 65] は、リストの値を変数 x に代入するので、x の中身はこのリストになります。

11 行目の plt.hist(x, bins=20, color='gray') は、ヒストグラム（頻度分布図）を作る関数です。引数に変数 x を与えて、x の頻度分布を描こうとしていま

---

[8]　t**2 は t^2 の意味です。
[9]　https://matplotlib.org/contents.html

第 3 章　記述統計〜平均と分散

す。bins=20 は横軸の区分の数を指定しています。x は成績の値で最小値 0 点から最大値 100 点までに分布しているので、それを 20 等分せよと指定しています。つまり 5 点ずつの区間に分けます。もし bins=10 とすれば 10 区間に等分割、bins=100 とすれば 100 区間（つまり 1 点ずつの区間）に等分割します。color='gray' は、「グラフの棒部分の色付けを灰色にせよ」と指定しています。色の指定法はマニュアルを見ていただきたいのですが、色の名前で指定するときは white、black、red、green、blue などが使えます。

12 行目の plt.title(' 成績の頻度分布 ') は、グラフのタイトルを指定します。

13〜14 行目の plt.xlabel(' 点数 ')、plt.ylabel(' 人数（頻度）') は x 軸と y 軸の見出し（説明）を指定します。

15 行目の plt.show() で、これまで作ってきた図全体を表示します。

ここで、グラフのタイトルや x・y 軸のタイトルは、作図ソフトを使う上では省略しても描画されますが、常に挿入する習慣を付けておくとよいと思います。理由は、グラフ図版を出版したりプレゼンに用いるなど公開するときに、これらをきちんと記述しておくことがマナーになっているからで、これらが欠けている図版は信頼されません。また、グラフ図を単独で見たときに情報が完結していることも大切な点です。

さて、上記のプログラム例では、3〜10 行目に成績のデータを直接リストとして書き込みましたが、これではこのプログラムを利用していろいろなデータの頻度分布図を描くことができません。そこで、成績のデータをファイルから読み込むことにします。

データをファイルに収めるとき、ファイルの中でのデータの書き方（書式、フォーマット）を決めておかなければなりません。いろいろな書式がありますが、Microsoft Excel などとデータやり取りができる（互換性がある）カンマ区切り（Comma Separated Values）は 1 つの候補になります。CSV の仕様は RFC4180[10]で文書化されています。

Python で CSV データを読むときには、自分でカンマを見つけてデータを分けるという方法でもできますが、CSV 読み取り（や書き出し）のパッケージを使う方が楽で

---

*10　https://tools.ietf.org/html/rfc4180

かつ間違いがない[11]でしょう。具体的には**リスト 3-11** のように、numpy に含まれる、テキストファイル読み出し関数 loadtxt で区切り文字をカンマ","に設定して使うと簡単です。

■ リスト 3-11　CSV 形式のファイルを読み込むプログラム例

```python
import numpy as np
import matplotlib.pyplot as plt

x = np.loadtxt('seiseki.csv', delimiter=",")   # CSVファイルからデータを読み込む
plt.hist(x., bins=20, color='white')
plt.title('成績の頻度分布')
plt.xlabel('点数')
plt.ylabel('人数（頻度）')
plt.show()
```

データファイル seiseki.csv は次のような形式になっているとします。

```
0, 95, 60, 30, 0, 60, 67, 67, 65, 80,　（中略）　, 71, 65
```

これは Microsoft Excel で CSV 形式を指定して保存した結果に相当します。

3.3.5　Python で分散を計算し箱ひげ図を描く

表 3-7 で見た成績データから、分散を計算したり、図 3-7 に示すような箱ひげ図を描く Python のプログラムを紹介します（**リスト 3-12**）。

■ リスト 3-12　分散を計算し箱ひげ図を描くプログラム例

```python
import numpy as np
import matplotlib.pyplot as plt
x = np.array(np.loadtxt('seiseki.csv', delimiter=","))   # CSVファイルからデータを読み込む
print('variance', x.var().round(4))
print('std-deviation', x.std().round(4))
# 出力結果は
variance 767.38
std-deviation 27.7016

plt.boxplot(x)         # 箱ひげ図を作る
plt.title('箱ひげ図（0点は除いた）')
```

---

[11]　CSV の一般的な読み取りは、単にカンマで区切るだけでは済まない場合があります。要素として文字列が許されるので、その中にカンマや改行（改行も区切り文字扱い）があるときに、区切り文字でないという扱いをする必要があります。Excel で 1 つのセルの中に改行を入れて 2 行分にしている場合に CSV で出力すると、このようなことが起こります。本格的な対応は、pandas パッケージの read_csv 機能などを使って行うことができますが、ここでは単純な場合に限って対応することにします。

第3章 記述統計～平均と分散

```
plt.grid()
plt.xlabel('科目')
plt.ylabel('点数')
plt.show()
```

　3行目でデータを CSV ファイルから読み込みます。このとき、np.loadtxt の出力結果はリストになっていますが、その後の分散（var）と標準偏差（std）を計算するのに numpy の array 型にしておくとうまく処理されるので、関数 np.array によってリストから array に変換します。

　numpy の array に対して、メソッド var は分散（variance）を、メソッド std は標準偏差（standard deviation）を計算してくれます。なお、値の桁数を round(4) で小数点以下4桁に丸めて表示しています。結果は

```
variance 767.38
std-deviation 27.7016
```

のようになります。

　次に、箱ひげ図を描いています。箱ひげ図を作る pyplot の関数は boxplot(x) です。これだけで、メジアンと四分位を計算し必要なボックスの形状とひげを描いてくれます。次の行の plt.grid() はグラフ全体に座標グリッド（格子）を描きます。これは図を見やすくするだけで、箱ひげ図を描画することには直接関係はありません。xlabel と ylabel で軸にラベルを付けます。

第 **4** 章

推測統計（1）
～確率と確率分布

第 4～6 章では「統計的推測」の考え方と使い方を概観します。ある現象について測定をした結果、分布などの統計的な性質が分かったとします。それは測定をしたときたまたまそういう値が得られたというだけで、いつでも同じ性質が成り立つとは限りません。測定した結果から元の現象がどのように推定できるか考えようというのが第 4～6 章での主題です。

第 4 章では、その議論の基礎となる離散的な現象に関する確率の考え方と性質について簡単に説明します。すでに確率論を学んだ読者は、この章はざっと流し読みをして内容を確認するのでもよいでしょう。また、数学的な詳細は本書の範囲外としますので、別途教科書を参照してください。

第 4 章 推測統計（1）～確率と確率分布

4.1 離散的現象の数え上げと確率

　ここでは、数え上げに基づく確率の考え方を概観しておきましょう。数え上げというのは、起こり得ること（事象）がばらばら（離散的）で、1 つ 1 つを数えられる、ということです。たとえばコイン投げの「表」と「裏」、サイコロの目の「1」から「6」などは、数えられる「どれか」の 1 つが出ますが、0.5 のような中間の値はありません。このような値を離散的な量と呼びます。離散的な場合、サイコロの 3 の目が出る確率を考えるとすれば、3 の目が出た回数と、全体の回数とを数え上げて、3 の目が出る回数を全体で割ることで、求めることができます。

　他方、学生の身長・体重や機械が故障するまでの時間のように、取る値が連続的な量も考えられます。この場合は（理想的に無限の桁数で身長が測れるとして）正確に A さんの 174.2539... cm と（無限桁まで）同一の身長を持つ人はまずいない（限りなく 0 に近い）と考えられます。このままでは、場合の数を数えることができないので、サイコロの目のような方法で確率を計算することができません。本章では、離散的な場合と連続の場合で分けて、4.1 節では離散的な場合を、4.2 で連続の場合を解説します。

4.1.1 数え上げ

　サイコロを 5 回続けて振ったときに、1 の目が 5 回続けて出る「確率」は何でしょうか。これを考えるときに、5 回サイコロを振ったときに出る目のすべてのパターン、つまり

　　　5 回すべて 1 が出る　　　　　　　$1 \rightarrow 1 \rightarrow 1 \rightarrow 1 \rightarrow 1$
　　　1 が 4 回出た後に 2 が 1 回出る　$1 \rightarrow 1 \rightarrow 1 \rightarrow 1 \rightarrow 2$
　　　1 が 4 回出た後に 3 が 1 回出る　$1 \rightarrow 1 \rightarrow 1 \rightarrow 1 \rightarrow 3 \cdots$

と数えていって、$6 \rightarrow 6 \rightarrow 6 \rightarrow 6 \rightarrow 6$ まで全部で何通りあるのかを考えます。これは、1 回振るときに出る目が 1～6 の 6 通りで、全部で 5 回振るので 6^5 通りになります。これ以外のパターンが起こることはあり得ません。このように起こり得ること・起こり得るすべてのパターンを数える作業、つまり「数え上げ」が必要になります。

　数え上げるプロセスを**図 4-1** にイメージ化してみます。

　ここまで分かれば、あとはいろいろな場合の数え上げをどのように行うかという方法の問題になります。数え上げをしばしば「順列と組合せ」で計算します。以下にサ

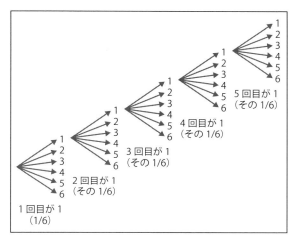

■ 図 4-1　事象を集合で考える

ンプルを挙げておきます。

同じサイコロを5回振る問題で、$1 \to 2 \to 3 \to 4 \to 5$ という順番に出る確率はいくらでしょうか。これも、パターン $1 \to 1 \to 1 \to 1 \to 1$ のときと同じで、パターンとしては1個だけなので、$1/(6^5)$ になります。

では、1が1回、2が1回、3が1回、4が1回、5が1回出る場合のパターンの数は、どうなるでしょう。今度は、$1 \to 2 \to 3 \to 4 \to 5$ だけでなく、$2 \to 3 \to 4 \to 5 \to 1$ でも $5 \to 4 \to 3 \to 2 \to 1$ でもよいことになるので、この1〜5がそれぞれ1回という条件を満たす並べ方をすべて数え上げる必要があります。このあたりが、順列のパターンの数え方を使うところです。この場合、1回目が1〜6の6通り、2回目は1回目の目を除く5つの5通り、3回目は1回目と2回目の目を除く4通り、のようにして、$6 \times 5 \times 4 \times 3 \times 2 = 720$ 通りになります。

このような数え上げをするときに「順列と組合せ」がよく出てくるので、簡単に触れておきます。例として、n 枚のトランプがあるとき、そこから k 枚を選ぶとします。選んだカードは戻しません。このとき、選んだトランプの並び方（順列）の総数を数える方法が「順列」で、選んだトランプのパターンの数（何と何が含まれるかの数、順番を気にしない）を数えるのが「組合せ」です。たとえば、ABCDE と ECDAB は、順番が違うので順列では2つの別のものとして数えますが、組合せでは1つの同じものと数えます。組合せは、順列のうちで同じトランプが含まれるものを併せたものになります。

第4章　推測統計（1）〜確率と確率分布

異なる n 個のものから k 個を取り出して並べる順列の総数 $_nP_k$ は

$$_nP_k = n \times (n-1) \times \cdots \times (n-k+1)$$
$$= \frac{n!}{(n-k)!}$$

になります。1行目の根拠は、最初の1枚を選ぶときの場合の数が n、2枚目を選ぶ
ときの場合の数は1枚減ったので $(n-1)$、順番に1枚ずつ減っていき、k 枚目を選
ぶときの場合の数は $(n-(k-1))$ なので、それらを全部組み合わせると積になるか
らです。

異なる n 個のものから k 個を取る組合せの総数 $_nC_k$ は

$$_nC_k = \frac{_nP_k}{k!} = \frac{n!}{k!(n-k)!}$$

です。順列の総数 $_nP_k$ を $k!$ で割っているのは、抜き出した k 枚のトランプの作るパ
ターン（順列）の数が $k!$ だからです。

4.1.2　確率の考え方
確率の考え方

確率は、起こり得ることがら（事象）がどれだけ起こりそうかを数字で（定量的に）
表すものです。イメージする例としては、コインを1回投げて表が出る確率、5回続
けて投げて5回とも表が出る確率、くじが当たる確率など考えられます。

コインを1回投げる、くじを引くなどの操作のことを**試行**と呼びます。1つの試行
の結果、つまり1回コインを投げた結果や1回くじを引いた結果のことを**事象**と呼
びます。コイン投げであれば「表が出る」「裏が出る」が事象で、くじなら「当たり」
「はずれ」が事象です。

集合を使って事象を整理するのであれば、まず可能なすべての結果（標本点）を定
義し、事象は標本点の集合の一部（部分集合）であると定義します。具体的には、コ
インを1回投げる場合では、表と裏の2つが標本点で、それ以外の可能性はないこと
にします[*1]。標本点の集合（標本空間、Ω）は「表」、「裏」です。ここで、たとえば
事象 A を「表」つまり「表が出る」とします。そうすると、事象 A は標本空間 Ω の
部分集合で、**図4-2** のようになっています。図4-2の標本空間 Ω には「表」、「裏」の

---

*1　コインが立つなどのことは、今の枠組みでは考えません。表か裏かのいずれかしか起こらないとします。

2つしかないので、事象 A 以外の部分、つまり $\Omega - A$（A の余事象と呼びます）は「裏」しかありません。

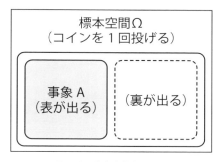

■ 図 4-2　事象を集合で考える

　コイン投げで表が出る確率を考えるとき、表と裏が出る事象は、あらかじめ予測できない、**ランダム**に起こる事象と考えます。ランダムの考え方についてはいろいろな議論があるようですが、ここではこれ以上追求せず「同じ程度に確からしい」「同じ程度に起こる」と考えておきます。そうすると、コイン投げで表が出る確率については、表が出る場合と裏が出る場合が「同じ程度に確からしい」とすれば、（表と裏のどちらかしか起きないのだから）半分ずつ、もし全体で N 回投げるのであれば表も裏も等しく $N/2$ 回、ということになります。ただしこの議論は不十分で、厳密には次の章の**標本**の議論が必要になります。

　この「同じ程度に確からしい」という考えを前提として、今まで見てきたサイコロやトランプの事象の確率を考えます。サイコロの場合、1回投げたときにそれぞれの目が出る確からしさは同じとします。そうすると、1回投げたときに1の目が出る確率は $1/6$、2の目が出る確率も同じように $1/6$ となります。サイコロを5回振る場合、すべてのパターンは先ほど数えた 6^5 通りです。その中で、すべて1の目が出るパターン $1 \to 1 \to 1 \to 1 \to 1$ は1パターンです。もし、サイコロの目の出方に偏りがなくて、パターン $1 \to 1 \to 1 \to 1 \to 1$ から $6 \to 6 \to 6 \to 6 \to 6$ までのパターンが起こる可能性がすべて等しいのだとすれば、すべて1の目が出る確率は

$$\frac{1}{6^5}$$

と考えます。

第4章　推測統計（1）～確率と確率分布

　では、1が1回、2が1回、3が1回、4が1回、5が1回出る確率は？　これも先ほど数えたとおり、1回目が1〜6の6通り、2回目は1回目の目を除く5つの5通り、3回目は1回目と2回目の目を除く4通り…のようにして、$6 \times 5 \times 4 \times 3 \times 2 = 720$通りになります。このような目の出方をする確率は、全体が6^5通りですから

$$\frac{6 \times 5 \times 4 \times 3 \times 2}{6^5}$$

になります。

確率の加法定理

　確率を、「起こり得る全体集合Ωに対する、対象とする事象Aの比率」と考えると、2つの事象AとBについて、対応する集合A、Bの和や積を使って次のような議論ができます。一般に図4-2を見ると、事象AとBのどちらかが起こる場合は、「事象Aのみが起こる場合」と「事象Bのみが起こる場合」と「AとBが両方起こる場合」の3つに分かれます。事象Aが起こる場合はAのみの場合とA, B両方の場合との合計なので、要素で見ると

　事象AとBのどちらかの要素 $=$ Aの要素$+B$の要素$-A$とBの両方に属する要素

になります。これを確率に書き直すと

$(A$とBのどちらかが起こる確率$)$

$= \dfrac{(A\text{のパターンの数}) + (B\text{のパターンの数}) - (A\text{と}B\text{が両方起こるパターンの数})}{(\text{全体}\Omega\text{のパターンの数})}$

$= \dfrac{(A\text{のパターンの数})}{(\text{全体}\Omega\text{のパターンの数})} + \dfrac{(B\text{のパターンの数})}{(\text{全体}\Omega\text{のパターンの数})}$

$\qquad - \dfrac{(A\text{と}B\text{が両方起こるパターンの数})}{(\text{全体}\Omega\text{のパターンの数})}$

$= (A\text{の起こる確率}) + (B\text{の起こる確率}) - \dfrac{(A\text{と}B\text{が両方起こるパターンの数})}{(\text{全体}\Omega\text{のパターンの数})}$

となります。

　集合AとBの共通要素がない（$A \cap B = \emptyset$）の場合に、「事象AとBは排反事象である」と言いますが、このときは和$A \cup B$の起こるパターンの数はAの数とBの数の和

になります。そうすると

$$(A と B のどちらかが起こる確率)$$

$$= \frac{(A のパターンの数) + (B のパターンの数)}{(全体 \Omega のパターンの数)}$$

$$= \frac{(A のパターンの数)}{(全体 \Omega のパターンの数)} + \frac{(B のパターンの数)}{(全体 \Omega のパターンの数)}$$

$$= (A の起こる確率) + (B の起こる確率)$$

となります。

独立事象・条件付き確率・乗法定理

2 つの事象 A と B が互いに影響を及ぼさないことを**独立である**と言います。たとえば、トランプの引いた札の数字を見る事象と色を見る事象は独立です。コイン投げでは何も特別な操作をせずに 2 回繰り返したとき、1 回目の事象と 2 回目の事象は独立です。

もし、事象 A と B が独立であれば、両方がともに起こる確率は A の確率と B の確率との積になります。事象 A の起こる確率を $P(A)$ と書くと

A と B がともに起こる確率 $P(A \cap B)$

$= A$ の起こる確率 $P(A) \times B$ の起こる確率 $P(B)$

これを、**独立事象の乗法定理**と呼びます。イメージとしては、図 4-1 と同様に、A が起きてその中で B が起きると考えて、そのときの起きるパターンの数を考えれば理解できます。

では、独立でないときはどうでしょうか？ 独立でない場合の例として、トランプの山からカードを引いて赤か黒かを言い当てるゲームを考えます。1 枚引いた後に引いたカードを山に戻さないで 2 枚目を引くと、1 回目と 2 回目は独立な事象にはならないという例です。1 枚目は赤 26 枚、白 26 枚の中から 1 枚を引くので、赤か黒かの確率は半々の 1/2 です。ところが、2 枚目は 1 枚目で引いた札を除いた残りから引くことになり、もし 1 枚目で赤を引いていれば赤の残りが 25 枚、黒の残りが 26 枚で、2 枚目が赤の確率は 25/51、黒の確率は 26/51 になります。もし 1 枚目が黒を引いたのであれば、逆に 2 枚目が赤の確率は 26/51、黒の確率は 25/51 になります。つま

第4章　推測統計（1）～確率と確率分布

り、2回目は1回目の結果に影響されてしまいます。

　このように事象 A と B が独立でないときを扱うために、「事象 A が起こったときに B が起こる確率」$P(B|A)$ を考えます。このような確率を**条件付き確率**と呼びます。条件付き確率は

$$P(B|A) = \frac{P(A \cap B)}{P(A)}$$

と書くことができます。A と B がともに起こる確率を、前提条件の A が起こる確率で割ったものです。

　独立である場合と独立でない場合を並べて書くと

$$P(A \cap B) = P(A) \times P(B) \qquad \text{独立な場合}$$

$$P(A \cap B) = P(A) \times P(B|A) \qquad \text{独立でない場合}$$

のようになります。

ベイズの定理

$$P(A \cap B) = P(B) \times P(A|B)$$

なので

$$P(B|A) = \frac{P(A \cap B)}{P(A)}$$
$$= \frac{P(B) \times P(A|B)}{P(A)}$$

となります。これをベイズの定理と呼びます。ここで $P(B)$ は、事象 A が起きる前の事象 B の確率（事前確率）、$P(B|A)$ は事象 A が起きた後での事象 B の確率（事後確率）になります。

4.2 連続現象の確率分布

　本節では、確率分布つまりいろいろな事象（たとえばサイコロの1～6の目）に対

4.2　連続現象の確率分布

してそれぞれが起こりそうな確率を分布として見る、ということを考えます。ちなみに、公平なサイコロの目であれば1〜6のそれぞれについて出る確率はすべて同じ（同じ程度に確からしい）で1/6になることを前節で見ました。本節では連続値を取る事象についても議論するとともに、その議論に用いる基礎的な考え方を紹介します。

4.2.1　確率分布の考え方
確率分布とは

確率的に動く量、たとえばコイン投げの結果（表か裏かの2値の量）、サイコロの出た目の値（1〜6のどれかの6値の量）を**確率変数**と呼びます[*2]。また、身長や所要時間のばらつきを考える場合には、身長や所要時間が確率変数となり、その取る値は**連続値**となります。

確率変数の取り得る値のそれぞれに対して、その値が起こる確率（それらしさの程度）を与えることができます。確率変数に対してその値が起こる確率を書き並べたものを**確率分布**と呼びます。確率変数が変わると、どのように発生確率が変わるかを表すことになります。**図4-3**は、1回のコイン投げとサイコロ振りについての確率分布を、グラフの形に描いたものです。横軸に確率変数の値x、縦軸にその確率変数の値を取る確率$P(x)$を描いています。コイン投げでは確率変数xは表か裏かの2値で、それぞれの確率$P(x)$はどちらも0.5です。xの値が離散的なので、グラフは2点しかありません。サイコロの目も同様に確率変数xは$1, 2, \cdots, 6$の6値で、それぞれの確率$P(x)$は1/6です。

確率変数の取る値が連続の場合、確率はxのある1点の値ではうまく定義できません。たとえば身長の分布を考えるとき、身長がちょうど173.64853cmである人はほとんどいないでしょう。連続値を取る身長が、指定した値をピンポイントで取ることはほとんど起きません。その代わりに、xのある幅を持った範囲で事象が起こる確率（それらしさ）として定義します。身長ならば、たとえば1cm刻みの幅で173〜174cm範囲の人数を数えたり、190cm以上の範囲の人数を数えたりすることができます。確率は1点の値ではなくて分布しているいうことで、確率分布という呼び方をします。確率は数学的にはxの幅を指定した積分で定義されます。

[*2]　ちなみに細かく言えば、今まで使ってきた「事象」は、投げた結果特定の値が出たことを指すことにします。またサイコロを1回投げる行為を「試行」と呼びます。さらに前節で「標本点」と述べたのは、確率変数の取り得る値の空間を指しています。

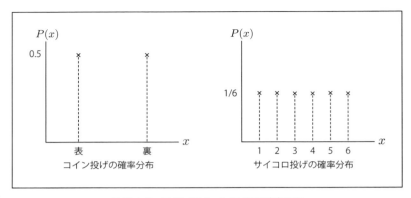

■ 図 4-3　コイン投げ、サイコロの確率分布

$$P(a \leqq x \leqq b) = \int_a^b f(x)dx$$

この確率分布を示す関数 f を、**確率密度関数**と呼びます。連続分布の確率密度関数と、積分としての確率のイメージを**図 4-4** に示しています。

確率密度関数の性質として 2 つのポイントを挙げておきます。

- <u>どの x に対しても $f(x)$ の値は 0 以上 1 以下である。</u>
  $f(x)$ が負の値になることはありません。その x で何か起こる可能性があるのなら $f(x) > 0$ だし、起こらないのなら 0 です。
  $$0 \leqq f(x) \leqq 1$$
- <u>すべての x の範囲で積分すると 1 になる。</u>
  これは、離散値の確率変数の場合に、起こり得るすべての事象（標本値）に対する確率の和が 1 になることを、連続値に置き直しただけです。
  $$\int_{-\infty}^{+\infty} f(x)dx = 1$$

なお、連続分布の場合のモード（最頻値）とメジアン（中央値）についても、3.2 節で見た離散値についての定義を連続値に拡張して、次のように定義されます。モード $mode$ はその名称「最頻値」のとおり、連続の場合には確率密度関数 $f(x)$ が最大になるときの確率変数 x の値になります。また、メジアン med は中央値なので、その

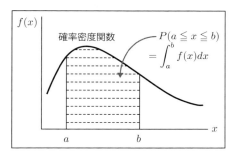

■ 図 4-4　連続確率分布とその上での確率

点より左側（小さい側）の $f(x)$ の面積 $P(x \leqq med)$ と、右側（大きい側）の $f(x)$ の面積 $P(med \leqq x)$ が等しい点、つまり片側の面積が 0.5 になる横軸上の点と定義されます。

確率変数の期待値

離散確率変数に対する期待値は、確率変数の取り得るそれぞれの値 x について、それが起こる確率 $P(x)$ を掛けて足し合わせた[*3]ものです。サイコロの目の期待値であれば

$$\text{期待値 } E = \sum_{x=1}^{6} (\text{目の数 } x \times \text{その目が出る確率 } P(x))$$
$$= 1 \times P(1) + 2 \times P(2) + \cdots + 6 \times P(6)$$
$$= 1 \times (1/6) + 2 \times (1/6) + \cdots + 6 \times (1/6)$$
$$= (1+2+3+4+5+6) \times (1/6) = 3.5$$

になります。この 3.5 という値が一番出そうな目の数なわけですが、実際には目は整数なので 3.5 という目が出るわけではありません。しかし、何回もサイコロ投げを繰り返して出た目をどんどん足していくと、「3.5 × 投げた回数」になる（近づく）ことが期待されます。

期待値は、確率変数の値が数値でないと計算できません。コイン投げでは確率変数の値が「表」と「裏」なので、このままでは平均を取ることができないからです。ま

[*3] 確率変数の値に生起確率の重みを掛けて平均する「加重平均」になっています。平均と言っていますが、平均を取るときの総数で割る操作は、実は確率の計算の中で行われています。

第4章 推測統計（1）〜確率と確率分布

た、もしサイコロの目が数字の代わりに A、B、C、D、E、F のように文字で付けて
あれば、これも平均を計算することができません。逆に、コイン投げの場合でも、も
し「表」に対して 0、「裏」に対して 1、のように数値を割り当てれば、期待値を計算
できます。ちなみに、この割り当ての場合、期待値は

$$期待値\ E = \sum_{x=0}^{1} (目の数\ x \times その目が出る確率\ P(x))$$
$$= 0 \times P(0) + 1 \times P(1)$$
$$= 0 + 1 \times 0.5 = 0.5$$

連続値を取る確率変数の場合も、期待値は同じ原理で計算しますが、確率の値が積
分で表されるので、期待値も積分の形になります。

$$E(X) = \int_{-\infty}^{+\infty} x \cdot f(x) dx$$

積分の範囲は、確率変数 x の取り得るすべての範囲、つまり $-\infty \leq x \leq +\infty$ となり
ます。

期待値は、第 2 章で見た平均値を、確率的に起こる事象に置き換えたものとも考え
られます。第 2 章では記述統計つまり実際に起こった現象を説明する立場で平均値
（算術平均）を導入していますが、それぞれの事象での値はすでに起きた現象なので出
現回数が 1 なわけです。たとえばサイコロの目が 2、3、4 と出たときにその平均値は

$$(2 + 3 + 4)/回数 = (2 + 3 + 4)/3$$

として求めます。回数 n をどんどん大きくすると、もしサイコロの目の出方に偏りが
なければ、それぞれの目の出る回数は等しくて $n/6$ になります。このときの目の数
の平均値は

$$\frac{1 \times (1\ の出る回数) + 2 \times (2\ の出る回数) + \cdots + 6 \times (6\ の出る回数)}{n}$$
$$= \frac{1 \times (n/6) + 2 \times (n/6) + \cdots + 6 \times (n/6)}{n}$$
$$= 1 \times (1/6) + 2 \times (1/6) + \cdots + 6 \times (1/6)$$
$$= 1 \times (1\ の出る確率) + 2 \times (2\ の出る確率) + \cdots + 6 \times (6\ の出る確率)$$

となり、期待値の式になります。

確率変数の分散・標準偏差

次に、連続値を取る確率変数の分散と標準偏差について考えます。原理は離散変数の場合と同じで、確率変数の取る値が期待値（算術平均の代わり）からどれだけずれているかの二乗の期待値（算術平均の代わり）になります。分散 $\sigma^2 = V(x)$、期待値（平均値）$\mu = E(x)$ と書くことにすると、離散分布の場合は

$$
\begin{aligned}
分散\ V(x) = \sigma^2 &= (x_1 - \mu)^2 \cdot p_1 + (x_2 - \mu)^2 \cdot p_2 + \cdots + (x_n - \mu)^2 \cdot p_n \\
&= \sum (x_i - \mu)^2 \cdot p_i
\end{aligned}
$$

ただし、x_i は確率変数 x の取る値、p_i は x が値 x_i を取る確率を表すとします。

確率変数が連続値を取る場合は、和を積分に置き換えます。

$$
分散\ V(x) = \sigma^2 = \int_{-\infty}^{\infty} (x - \mu)^2 \cdot f(x)
$$

ただし、$f(x)$ は確率密度関数です。

なお、分散の式で $(x_i - \mu)^2$ を展開し $\sum$ をそれぞれの項に分配すると、次の関係が得られます。

$$
\begin{aligned}
V(x) &= E(x^2) - 2\mu E(x) + \mu^2 \\
&= E(x^2) - 2\mu \cdot \mu + \mu^2 \\
&= E(x^2) - \mu^2
\end{aligned}
$$

ただし、$E(x) = \mu$、$V(x) = \sigma^2$ を使っています。

この方が計算に便利です。なお、この関係は離散変数、連続変数の両方で成り立ちます。

また、標準偏差は、いずれの場合も分散 V の平方根 $\sqrt{V}$ で定義されます。

第 4 章　推測統計（1）〜確率と確率分布

分布の標準化

　ここで、分布の**標準化**について触れておきます。標準化とは、

　　確率変数の値を調整することで分布が 期待値 $= 0$、分散 $= 1$ になるようにすること

です。具体的には

1. 確率変数 x から期待値 μ を引いた上で（これで期待値が 0 になる）
2. さらに分散 $V(x)$ で割ります。

　つまり

$$x' = (x - \mu)/\sqrt{V}$$

を使って x から x' へ変数を変換します。これは、確率分布のグラフの上で、横軸をまず中心（期待値 μ）が 0 になるように左右に $(x - \mu)$ で移動し、さらに横軸のスケールを分散 V が 1 になるように $\frac{1}{\sqrt{V}}$ で伸縮することに当たります。

　標準化の目的は 2 つあり、確率分布に関する性質を平均値（つまり位置）と分散（つまり分布幅）の大小を気にせずに比較すること、もう 1 つは標準化したときの分布関数の値を表に持っていれば容易に（任意の平均・分散を持つ）同型の分布の分布関数値を得ることができること、でしょう。いずれも便利に使える原理です。

　標準化の数値サンプルとして身長の統計を試してみましょう。学校保健統計調査の Web サイト（https://www.e-stat.go.jp/stat-search/files?page=1&toukei=00400002&tstat=000001011648）の「平成 28 年度」「全国表」から「身長の年齢別分布」を選んで「EXCEL」をクリックすると、5〜17 歳の年齢別の身長分布のデータが得られます[4]。年齢別の身長分布はほぼ正規分布に従うと言われていますが、**リスト 4-1** で実際に比較してみましょう。比較対象の正規分布の平均と標準偏差は、同じ学校保健統計調査の「年齢別　都市階級別　設置者別　身長・体重の平均値及び標準偏差」の表から、$\mu = 170.0$、$\sigma = 5.81$ とします。

---

[4]　この数字は説明（http://www.mext.go.jp/component/b_menu/other/__icsFiles/afieldfile/2009/12/17/1268650_1.pdf）を読む限り、例外的なケースを除いた実測値のようです。

72

4.2　連続現象の確率分布

■ リスト 4-1　17 歳身長統計を正規分布と比較する

```
from scipy.stats import norm
import pandas as pd
from matplotlib import pyplot as plt

filename = "./h28_学校保健統計_身長分布.csv" # ファイル名はダウンロードしたCSVファイルとする
df = pd.read_csv(filename)    # csvファイルから読み込み
df2 = df.iloc[61:110,[0,13]].astype(float)   # 17歳のみ切り出し
df2 = df2.rename(columns='Unnamed: 0':'height', 'Unnamed: 13':'permil') # 欄名を変更

u = [norm.pdf(x=i, loc=170.7, scale=5.81)*1000.0 for i in df2['height']]
                                    # 正規分布関数値を生成
df2['norm'] = u   # データフレームに追加

ax = df2.plot.scatter(x='height',y='permil', color='black', marker='x', \
        label='身長統計')
df2.plot(x='height',y='norm', color='black', kind='line', ax=ax, \
        label='N(170.7, 5.81)') # 重ねて描くためにax=axとする
plt.grid()       # グリッド線を引いてくれる
plt.xlabel('身長')      # x軸のラベル
plt.ylabel('パーミル‰')       # y軸のラベル
plt.legend(loc="upper left")   # 凡例を左上に表示
plt.title('17歳男子の身長統計と正規分布')
plt.show()
```

　結果は**図 4-5** のようになり、ほぼ正規分布に重なっていることが分かりました。そこで、この身長の分布を標準化してみます。標準化の式は $\mu = 170.7$、$\sigma = 5.81$ から

$$x' = (x - \mu)/\sigma = (x - 170.7)/5.81$$

という変換をすればよいことになります。

モーメント

　分布をつかむ指標として、分布の位置を表す平均値（期待値）と、分布の広がり方を示す分散があることはすでに見てきました。分布の形についてもう少し追加の情報を単純な指標として表したいとするとき、分布の形が左右非対称に偏っている場合の偏り度合いを表す歪度（skewness）や、分布の尖り具合を表す尖度（kurtosis）、それらを包括的に表すモーメントなどがあります。

　歪度（skewness）α_3 は、分布の左右の偏りを示す指標で

$$\alpha_3 = E(x - \mu)^3/\sigma^3$$

73

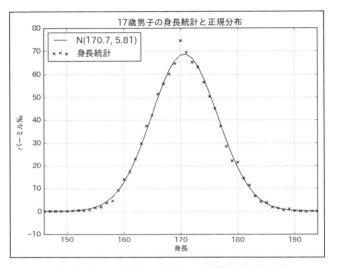

■ 図 4-5　2017 年度 17 歳男子の身長統計と正規分布

で定義されます。**図 4-6** にあるように、α_3 の値が正だと左寄り（右の裾が長い）、α_3 の値が負だと右寄り（左の裾が長い）分布になります。

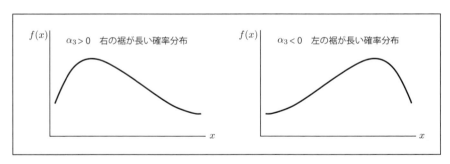

■ 図 4-6　歪度（skewness）

尖度（kurtosis）は、分布の尖り方を示す指標です。計算する値は

$$\alpha_4 = E(x - \mu)^4 / \sigma^4$$

で定義され、α_4 の値が大きいほど尖っている、小さいと緩くなるという値です。後述する正規分布の (α_4) が 3 になるので、尖度としては $(\alpha_4 - 3)$ が用いられます。つ

まり、$(\alpha_4 - 3)$ の値が正であれば正規分布より尖っており、負であれば正規分布より緩いという指標です。

歪度の例として、正規分布に右上がりの三角一様分布を加えた分布を作ってみます。

■ リスト 4-2　skew、kurtosis の例

```
from scipy.stats import skew, kurtosis, norm, uniform, kurtosistest
import math
import numpy as np
import pandas as pd
from matplotlib import pyplot as plt
numsamples = 100000
v1 = norm.rvs(loc=0.0, scale=1.0, size=numsamples)
print('正規分布N(0,1)', 'skew=', round(skew(v1),4), 'kurtosis=', \
        round(kurtosis(v1),4))
vt = np.array([math.sqrt(u*16/numsamples) for u in range(numsamples)])
        # 右上がり三角分布を作る
v = v1+(vt*3.0)  # v1とvtを要素ごとに足す。正規分布要素に右上がり三角要素が足される
print('正規+右上がり', 'skew=', round(skew(v),4), 'kurtosis=', round(kurtosis(v),4))
# 出力結果は
# 正規分布N(0,1) skew= 0.0033 kurtosis= -0.0279
# 正規+右上がり skew= -0.4748 kurtosis= -0.4724
plt.hist(v, bins=50, normed=True, color='black', alpha=0.5)
plt.grid()       # グリッド線を引いてくれる
plt.xlabel('x')      # x軸のラベル
plt.ylabel('頻度')       # y軸のラベル
plt.title('正規分布+右上がり三角分布のヒストグラム')
plt.show()
```

処理結果は、頻度分布のグラフが**図 4-7** で、歪度・尖度の値は以下のようになりました。

正規分布 $N(0,1)$　　skew $= 0.0033$　　　kurtosis $= -0.0279$

正規 + 右上がり　　skew $= -0.4748$　　kurtosis $= -0.4724$

正規分布の歪度の値 skew はほぼ 0、尖度 kurtosis の値もほぼ 0（$\alpha_4 - 3$ の値を表示）であるのに対して、右肩上がりにした分布では歪度が -0.5、尖度が -0.5 程度になっています。歪度の値は分布が右寄りなので負になっている一方、尖度は三角分布を加えたことによって尖り方が鈍くなってやはり負になっていることが分かります。

モーメントは、歪度や尖度（を決める α_4）の一般形で

$$x \text{ の原点のまわりの } r \text{ 次のモーメント }　\mu_r = E(x^r)$$

$$x \text{ の期待値のまわりの } r \text{ 次のモーメント } \mu_r' = E((x-\mu)^r)$$

$$x \text{ の } r \text{ 次の標準化モーメント }　　　\alpha_r = E(((x-\mu)/\sigma)^r)$$

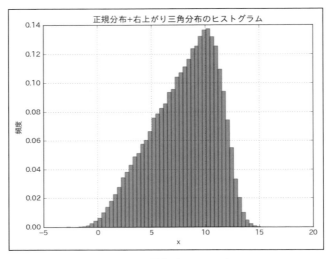

■ 図 4-7　歪度（skewness）

などが定義されます。今まで見てきた期待値や分散は、1次、2次のモーメント

$$\mu_1 = E(x)$$
$$\mu'_2 = V(x)$$

ですし、歪度 α_3 は3次、（尖度 $+3$）に当たる α_4 は4次の標準化モーメントに当たります。

また、すべての次数のモーメントを指定すれば1つの確率分布が決まるので、すべての次数のモーメントを生成できるモーメント母関数[*5] $M(t)$ を決めてそこから確率分布を求める方法があり、いろいろな計算で使われていますが、数学的に複雑になるので本書ではここまでにとどめます（この先は他書を参照してください）。

チェビシェフの不等式

今までの議論で、広がっているもの、尖っているもの、偏っているものなど、いろいろな分布の仕方があることが分かりました。それでも、分布の形によらず平均値（期待値）と標準偏差が分かっていれば、標準偏差の k 倍の範囲の中に、一定の確率以上で収まることが分かっています。チェビシェフの不等式は、いかなる確率変数 x

---

[*5]　r 次のモーメントがモーメント母関数の r 階導関数であるような母関数を用意します。

に対しても

$$P(|x - \mu| \geqq k\sigma) \leqq \frac{1}{k^2}$$

で与えられます。この不等式が表しているのは、x と平均値 μ の距離が標準偏差 σ の k 倍より大きい（つまり μ から $k\sigma$ の範囲より外側にある）確率は、$1 - 1/k^2$ 以下に収まる、ということです。

たとえば、μ を中心に左右に 2σ の範囲を取ると、その外側にある確率は多くても $(1 - 1/2^2) = 3/4$、つまり少なくとも $3/4 = 75\%$ は範囲の内側に含まれるということです。同様に、左右に 3σ の範囲を取ると少なくとも $8/9 = 89\%$、4σ の範囲を取ると少なくとも $15/16 = 94\%$ が、範囲の内側に含まれます。これは、どのような分布の形であっても、つまり山が1つではなくてでこぼこでも右や左に偏っていても、成り立ちます。

でこぼこの数値例を見てみます。**表 4-1** のデータがあったとします。ヒストグラムにすると**図 4-8** のようになっています。

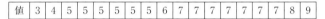

■ 表 4-1　チェビシェフの不等式による範囲の例

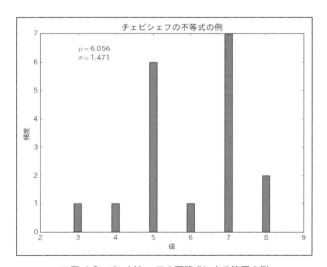

■ 図 4-8　チェビシェフの不等式による範囲の例

第 4 章　推測統計（1）〜確率と確率分布

　平均 $\mu = 6.056$、標準偏差 $\sigma = 1.471$ なので、k を 1 と 2 の場合についてチェビシェフの不等式による範囲を計算すると

k	$\mu + k\sigma$	$-\mu + k\sigma$	範囲外にある確率	$1/(k^2)$
1	7.526	4.585	4/18=0.222	$1/(1^2) = 1$
2	8.997	3.114	2/18=0.111	$1/(2^2) = 0.25$
3	10.468	1.643	0/18 = 0.0	$1/(3^2) = 0.111$

となるので

$$\text{範囲外にある確率} \ \leq \ 1/(k^2)$$

が $k = 1, 2, 3$ のいずれにおいても成立していることが分かります。

4.2.2　代表的な確率分布

　ここでは、いくつかの代表的な確率分布を紹介します。離散分布の基本として二項分布とポアソン分布、また、連続分布の基本として正規分布、指数分布を扱います。この他にも表したい現象によっていろいろな分布が作られていますが、煩瑣なので他書に譲ります。

離散分布の例（1）〜 二項分布

　離散分布の代表例である**二項分布**について見ていきましょう。たとえば、コイン投げのように確率変数の値が表、裏の 2 種類しかなく、かつ 1 回 1 回の試行が他の試行の結果に左右されない（**独立である**）ものを n 回繰り返すことを、ベルヌーイ試行と呼びます。また、コイン投げ以外にも適用するため、表・裏が公平な 1/2 である代わりに 1 回 1 回の試行で事象 A が起こる確率を p、A が起こらない確率を $1 - p$ と考えます。

　この試行回数 n と 1 回の確率 p で決まるベルヌーイ試行において、全 n 回の試行のうち、事象 A が起こる回数が x 回、事象 A が起こらない回数が $(n - x)$ 回であるとき、その確率分布 $B_{n,p}(x)$ を**二項分布**（binomial distribution）と呼びます。確率分布 $B_{n,p}(x)$ は

$$B_{n,p}(x) = {}_n\mathrm{C}_x p^x (1 - p)^{n-x}$$

で表されます。見方は、パラメタとして全回数 n と 1 回の試行で A の起こる確率 p を与えたときに、A が x 回起こる確率、ということです。式の意味は、n 回で起こり得るすべてのパターンを考えたとき、その n 回中で x 回が A となる場合の数が、$_nC_x$ で表されます。それと、x 回 A となる確率 p^x と残りの $(n-x)$ 回 A でない確率 $(1-p)^{n-x}$ を掛けたものが、$B_{n,p}(x)$ になります。

例として、$n=6$ で p の値を 0.1、0.2、0.5 に変えた二項分布のグラフを、**図 4-9～4-11** に示します。$p=0.5$ は公平なコイン投げつまり表・裏の出る確率が 0.5 のときに相当します。

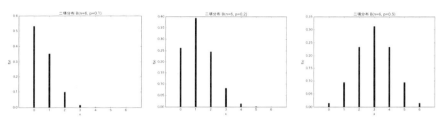

■ 図 4-9　$B(n=6, p=0,1)$　■ 図 4-10　$B(n=6, p=0,2)$　■ 図 4-11　$B(n=6, p=0,5)$

二項分布の平均値（期待値）、分散、標準偏差は次の式で計算されます。

$$平均値\ \mu = np$$
$$分散\ V = \sigma^2 = np(1-p) = npq \quad (ただし\ q=(1-p)\ である)$$
$$標準偏差\ \sigma = \sqrt{V} = \sqrt{np(1-p)}$$

直観的には、1 回当たりの成功確率が p であるベルヌーイ試行を n 回繰り返したときの平均値が np になることは容易に想像できるでしょう。分散については、p が 50% のときに最大になりますが、これも値 $np(1-p)$ はともかくとして、「どちらが起こるか分からない（確率が 50% 対 50%）ときに一番ばらつきの範囲が広がる」というクレームについては理解できます。証明は煩瑣なので他書[*6]に譲ります。

二項分布の平均と分散がどのような値になるか、コイン投げで実験してみます。0 から 1 までの乱数を 1,000 個発生させて、それぞれが 0.5 より大きいか否かで表・裏を決めます。表のときに 1、裏のときに 0 を記録し、総和によって表の回数を数え

[*6]　『基礎統計学 I　統計学入門』（東京大学教養学部統計学教室 編、東京大学出版会、1991）など。

第 4 章　推測統計（1）～確率と確率分布

ます。この実験を 1,000 回行って、表の回数の分布を見てみます。

■ リスト 4-3　二項分布の平均と分散

```python
# 二項分布の平均と分散をサンプルデータから計算
# -*- coding: utf-8 -*-
import numpy as np
from scipy.stats import uniform
import matplotlib.pyplot as plt
n = 1000  # 試行数
p = 0.5
b = []
for i in range(1000):  # n試行を1000回試す
    v = [1 if u>p else 0 for u in uniform.rvs(loc=0, scale=1, size=n)]
    b.append(sum(v))

print('mean=', np.mean(b).round(4), 'std=', np.std(b).round(4), 'var=',  \
    np.var(b).round(4))    # 結果を表示
# 出力結果は
# mean= 499.438 std= 16.0505 var= 257.6182
plt.hist(b, rwidth=0.8, bins=20, color='black')    # ヒストグラムを描画、棒幅を0.8
plt.title('コイン投げで表の出る回数の分布')
plt.xlabel('1000試行中の表の回数')
plt.ylabel('頻度')
plt.show()
```

結果は

```
mean= 499.438    std= 16.0505    var= 257.6182
```

となり、平均値の理論値 $\mu = np = 500$、分散の理論値 $\sigma^2 = np(1-p) = 250$ に近い値です。またグラフは**図 4-12** のようになりました。

二項分布の平均値の計算
ごたごたしますが、式変形だけでできます。

$$E(x) = \sum_x x \cdot {}_n\mathrm{C}_x \cdot p^x q^{n-x} \qquad q = 1 - p \quad \text{平均値の定義}$$

$$= \sum_x n \cdot {}_{n-1}\mathrm{C}_{x-1} \cdot p \cdot p^{x-1} q^{n-x} \quad \text{（下記変形）}$$

$$= np \sum_x {}_{n-1}\mathrm{C}_{x-1} \cdot p^{x-1} q^{n-x} \quad \text{定数 } n \text{ と } p \text{ を前に出す}$$

$$= np \sum_y {}_{n-1}\mathrm{C}_y \cdot p^y q^{n-1-y} \qquad y = x - 1 \text{ で置き換える}$$

$$\begin{aligned} &= np\sum_y B(n-1, p) \\ &= np \end{aligned}$$

ただし

$$\begin{aligned} x \cdot {}_n\mathrm{C}_x &= x \cdot \frac{n!}{x! \cdot (n-x)!} \\ &= x \cdot \frac{n \cdot (n-1)!}{x \cdot (x-1)! \cdot (n-x)!} \\ &= n \cdot \frac{(n-1)!}{(x-1)! \cdot (n-x)!} \\ &= n \cdot {}_{n-1}\mathrm{C}_{x-1} \end{aligned}$$

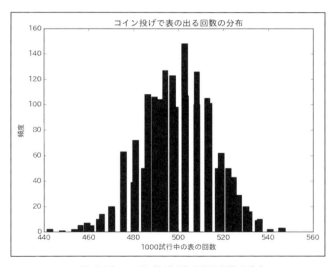

■ 図 4-12　コイン投げで表の出る回数の分布

離散分布の例 (2) 〜 ポアソン分布

　もう 1 つここで取り上げる離散確率分布は「ポアソン分布」と呼ばれるもので、基本的には二項分布と同じ条件ですが、特に n が非常に大きく（大量の現象）、p が小さい（頻度は低い、まれにしか起こらない）ときを対象にします。このときには n が大きくなるのと p が小さくなるのが釣り合って、そこそこある程度の x が観測され

第4章　推測統計（1）〜確率と確率分布

ます。この場合、二項分布で計算すると大きな n に対する $_n\mathrm{C}_x$ の計算がやっかいです。しかし、p が小さければ実際に値が結果に影響する大きさになるのは x が小さいうちだけになっています。

　ポアソン分布を計算するに当たっては、$n \to \infty$、$p \to 0$ でかつ $n \cdot p \to \lambda$ の極限では

$$
_n\mathrm{C}_x \cdot p^x (1-p)^{n-x} \longrightarrow \frac{e^{-\lambda} \cdot \lambda^x}{x!}
$$

が成り立ちます（証明は略）。ただし $\lambda = n \times p$ です。また e はネイピア数（自然対数の底）を表します。この極限の分布

$$
P(x) = \frac{e^{-\lambda} \cdot \lambda^x}{x!}
$$

をポアソン分布と呼びます。この $P(x)$ はすべての $x = 0, 1, 2, \cdots$ について合計すると

$$
\sum_x P(x) = \sum_x \frac{e^{-\lambda} \cdot \lambda^x}{x!}
$$
$$
= e^{-\lambda} \cdot \frac{\lambda^x}{x!} = e^{-\lambda} \cdot e^{\lambda} = 1
$$

なので、確率分布になっています。

　ポアソン分布の平均（期待値）と分散は

$$
平均値 \quad E(x) = \lambda
$$
$$
分散 \ V(x) = \lambda
$$

になっています。なおポアソン分布は $n \cdot p = \lambda$ なので、分布を決めるパラメタは λ（＝平均発生回数）1 つだけです。

　一般に、ポアソン分布によって（n が大きくて p が小さい場合に）二項分布を近似することができる目安としては、$0 < np \leqq 5$ 程度と言われています。

4.2 連続現象の確率分布

数値例 4-1 ポアソン分布の例

例題を考えてみましょう。ある電気部品の製造工場 A 社では 10,000 個のうち 2 個の割合で不良品が発生することが分かっています。今この部品を組み立て工程の B 社に 2,000 個納品したとき、その中で不良品が 0 個、1 個、2 個含まれる確率をポアソン分布として求めてみましょう。

不良品の発生確率 $p = \frac{2}{10000}$ です。納品数 $n = 2000$ なので、平均値 $E(x)$ は

$$E(x) = \lambda = n \cdot p = 2000 \times \frac{2}{10000} = 0.4$$

です。ポアソン分布の確率分布

$$P(x) = \frac{e^{-\lambda} \cdot \lambda^x}{x!}$$

にこの λ を代入して $x = 0, 1, 2$ の場合について計算すると、

$$P(0) = \frac{e^{-0.2} \cdot 0.2^0}{0!}$$
$$= e^{-0.2} \times 1 = 0.8187$$
$$P(1) = \frac{e^{-0.2} \cdot 0.2^1}{1!}$$
$$= e^{-0.2} \times 0.2 = 0.1637$$
$$P(2) = \frac{e^{-0.2} \cdot 0.2^2}{2!}$$
$$= e^{-0.2} \times 0.04 \,/\, 4 = 0.0164$$

という値が得られます。

連続分布の例 (1) 〜 正規分布

連続確率変数の分布の代表として、**正規分布**（normal distribution、ガウス分布）を見てみます。正規分布は広い範囲の現象に当てはまる上、統計の理論・応用でも重要な役割を果たす分布です。

正規分布の確率密度関数は

$$f(x) = \frac{1}{\sqrt{2\pi} \cdot \sigma} \exp\{-\frac{(x - \mu)^2}{2\sigma^2}\} \quad (-\infty < x < \infty)$$

第 4 章 推測統計（1）〜確率と確率分布

で与えられます。定数 $1/\sqrt{2\pi} \cdot \sigma$ は x の全領域で積分したときに 1 になる
（$\int_{-\infty}^{\infty} f(x)dx = 1$）ようにするための定数です。

この正規分布の平均（期待値）と分散は

$$平均\ E(x) = \int_{-\infty}^{\infty} x \cdot f(x)dx$$

$$= \int_{-\infty}^{\infty} x \cdot \frac{1}{\sqrt{2\pi} \cdot \sigma} exp\{-\frac{(x-\mu)^2}{2\sigma^2}\}dx = \mu$$

$$分散\ V(x) = \int_{-\infty}^{\infty} (x-\mu)^2 \cdot f(x)dx$$

$$= \int_{-\infty}^{\infty} (x-\mu)^2 \cdot \frac{1}{\sqrt{2\pi} \cdot \sigma} exp\{-\frac{(x-\mu)^2}{2\sigma^2}\}dx = \sigma^2$$

となり（計算は略す）、定義式中の μ は平均値そのもので、σ^2 は分散そのものになっています。したがって、定義式で表された分布は、「平均 μ、分散 σ^2 の正規分布」と呼び、$N(\mu,\ \sigma^2)$ で表します。

正規分布は釣り鐘型の分布で、左右が対象、最も高い点が対象の軸になり平均値 μ になっています（**図 4-13**）。分散 σ^2 は釣り鐘の幅の広がりを表し、分散が大きいほど幅が広く平べったい形で、分散が小さければ幅が細く尖った形になります（**図 4-14**）。

任意の正規分布は、確率変数 x に対して変数変換 $z = (x-\mu)/\sigma$ を施して置き換えることによって、標準正規分布 $N(0,1)$、つまり $\mu = 0$、$\sigma^2 = 1$ の正規分布に標準化することができます。なお、標準正規分布の分布関数の値は多くの教科書に表として載っています[7]。

第 3 章で紹介したように、平均 μ、標準偏差 σ の正規分布では下記の性質があります（図 3-8 参照）。

$\mu \pm \sigma$ の範囲には、全体の約 68.27% のデータが含まれる。

$\mu \pm 2\sigma$ の範囲には、全体の約 95.45% のデータが含まれる。

$\mu \pm 3\sigma$ の範囲には、全体の約 99.73% のデータが含まれる。

特に、$\mu \pm 3\sigma$ の場合はほとんど 100% に近いデータが含まれることになります。

正規分布が重要である理由の 1 つとして、一般のランダムな系列からその和、または平均を取ると正規分布になる、という「中心極限定理」と呼ばれる性質があります。これについては 5.2.1 項で議論します。

---

[7] たとえば、『基礎統計学 I 統計学入門』（東京大学教養学部統計学教室 編、東京大学出版会、1991）など。

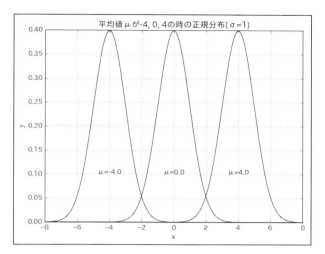

■ 図 4-13　さまざまな平均値の正規分布

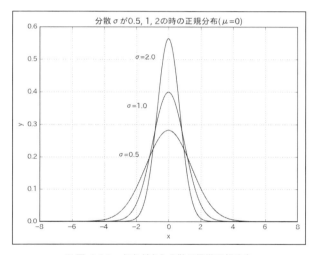

■ 図 4-14　さまざまな分散の標準正規分布

Pythonで正規分布に関わる計算をするには、次のような方法があります。

- numpy[*8]に含まれる random.normal を使う。これは正規分布に従う乱数を

---

*8　http://www.numpy.org/

第 4 章　推測統計（1）〜確率と確率分布

発生する関数です。確率密度関数値を返すのではないことに留意してください。

```
import numpy
x = numpy.random.normal(loc=0.0, scale=1.0, size=100)
```

のようにすると、平均（中心）が loc、標準偏差が scale の正規分布に従う乱
数が 100 個生成され、numpy の配列（ndarray）として返されます。

　random には、正規分布 normal だけではなく他のさまざまな分布に従う乱
数を発生する関数が含まれています。詳細は https://docs.scipy.org/doc/numpy
/reference/routines.random.html を参照してください。

● scipy ライブラリ[9]に含まれる stats.norm を使う。scipy ライブラリ
には統計の関数を含む stats ライブラリが含まれていて、その中に正規
分布を扱う関数が多数用意されています。stats 全体の詳細は参照マニュ
アル https://docs.scipy.org/doc/scipy/reference/stats.html やチュートリアル
https://docs.scipy.org/doc/scipy/reference/tutorial/stats.html を参照してくだ
さい。

　stats では、それぞれの分布に対して、乱数の生成 rvs、確率密度関数値
pdf、累積分布関数値 cdf、パーセント点関数値 ppf などが計算できます。正
規分布 norm の場合だと

```
import scipy.stats as st
x = [-1.0, 0.0, 1.0]
y = st.norm.cdf(x)
print(y)
z = st.norm.ppf([0.025, 0.975])
print(z)
```

のようにすると、y に対しては標準正規分布の $x = -1, 0, 1$ における確率密度関
数値

```
[ 0.15865525  0.5         0.84134475]
```

z に対しては標準正規分布の 2.5%、97.5% のパーセント点の（x の）値

＊9　https://scipy.org/scipylib/index.html

```
[-1.95996398  1.95996398]
```

が返されます。

図 3-8 や図 4-14 のような確率密度関数の形状を Python で描くには、`scipy.stats`
の密度関数値 `norm.pdf` を使うと描けます。もちろん、密度関数の形を正規分布の
定義式から計算して描くことも可能です。

■ リスト 4-4　正規分布の確率密度を計算する

```
import matplotlib.pyplot as plt
import numpy as np
import scipy.stats as st

# 正規分布の密度関数を定義式から計算する関数を自分で用意する場合、下記の関数定義を準備する
def seiki(x):
    y = (1 / np.sqrt(2 * np.pi * i[0] ) ) * np.exp(-(x - i[1]) ** 2 / (2 * i[0]) )
    return y

sigma = 1.0      # σの値
mus = [0.0, 4.0, -4.0]    # μの値
x = np.arange(-8., 8., 0.1)     # -8から8まで0.01刻みの配列

for mu in mus:    # muの値についてすべて
    y = st.norm.pdf(x, loc=mu, scale=sigma)  # もしくは自分で定義した関数seiki(x)を使う
    plt.plot(x, y, color='black')      # x, yをplotする
    plt.grid()      # グリッド線を引いてくれる
    plt.xlabel('x')      # x軸のラベル
    plt.ylabel('y')      # y軸のラベル
    plt.text(mu, 0.1, 'μ='+str(mu), ha='center')  # "μ=0"などを併記する
plt.title('平均値μが-4, 0, 4のときの正規分布(σ=1)')
plt.show()
```

また

$\mu \pm \sigma$ の範囲には、全体の約 68.27% のデータが含まれる。

といった値の計算には、`scipy.stats` の累積分布関数値 `norm.cdf` が使えます。
この場合は分布の外側 $-\infty < t < \sigma$ の累積分布 $d = \displaystyle\int_{\infty}^{t} N_{(0,1)}(t)$ を計算して、全体
1 から両外側 $2d$ を引くことによって中央部分の割合を計算できます。

■ リスト 4-5　正規分布の累積分布を計算する

```
import numpy as np
import scipy.stats as st
sigma = 1.0      # シグマの値
mu = 0.0
```

第4章　推測統計（1）〜確率と確率分布

```
limits = [1.0, 2.0, 3.0]
for limit in limits:
    print(1 - 2*(st.norm.cdf(-limit, loc=mu, scale=sigma)))

# 出力結果は
# 0.682689492137
# 0.954499736104
# 0.997300203937
```

連続分布の例 (2) 〜 指数分布

　指数分布は、ランダムに発生する事象があるとき、次の事象までの待ち時間の分布を表すような連続分布です。たとえば、故障率が一定のシステムにおける次の故障までの待ち時間、同様にシステムの寿命、耐用年数などは指数分布に従い、また災害がランダムに発生するとしたときに次の災害が起こるまでの年数も指数分布に従うと言われます。

　指数分布の確率密度関数は

$$f(x) = \lambda e^{-\lambda x} \quad (x \geqq 0)$$

$$0 \quad (x < 0)$$

で表されます。この確率分布に従う確率変数 X の期待値、分散は

$$E(X) = 1/\lambda$$

$$V(X) = 1/\lambda^2$$

となります。

　ランダムな事象発生を表す確率モデルとして、4.2.2 項 でポアソン分布を取り上げました。ポアソン分布も指数分布も、どちらも単位時間当たり平均 λ 回起こるランダムな事象に対する分布ですが

　　ポアソン分布は単位時間に事象が起こる回数の分布（したがって離散分布）

　　指数分布は事象の発生時間間隔の分布（したがって連続分布）

と、表す対象が異なります。

　指数分布の 1 つの使い方として、次に起こるまでの期間 X が、ある定めた数 x 以下である確率、つまり $P(X \geq x)$ は、確率密度関数を期間内（$-\infty \geq X \geq x$）で積分した値 $\displaystyle\int_{-\infty}^{x} \lambda e^{-\lambda t} dt = 1 - e^{-\lambda x}$ となります。これを使って、次のような計算を

4.2 連続現象の確率分布

することができます。

数値例 4-2 故障確率の指数分布による計算

1 年に 2 回故障する機械が、故障してから次に故障するまでの時間が 4 か月、6 か月、8 か月である確率を計算してみます。1 年に 2 回故障するので $\lambda = 1/6$（か月）です。次に故障するまでの時間が 4 か月である確率は、

$$P(X \geq x) = 1 - e^{-\lambda x} = 1 - e^{-1/6 \times 4} = 0.487$$

同様に、次の故障までの時間が 6 か月の確率は $1 - e^{-1/6 \times 6} = 0.632$、8 か月の確率は $1 - e^{-1/6 \times 6} = 0.736$ となります。

指数分布も、scipy の stats モジュールの中に expon として用意されています。確率密度関数の形を描くプログラムを**リスト 4-6** に示します。ここで、expon() のパラメタとして localtion と scale が指定できますが、指数関数の場合 location は x 軸の平行移動、scale は y 軸の拡大スケーリングを指定するので、指数関数のパラメタである λ は scale=1/λ として指定することになります。結果は**図 4-15** のようになります。

■ リスト 4-6 指数分布の確率密度を計算する

```python
import matplotlib.pyplot as plt
import numpy as np
import scipy.stats as st
lambdas = [0.5, 1.0] # λの値
x = np.arange(0, 6, 0.1)        # 0から6まで0.1刻みの配列
for l in lambdas:        # lambdaの値についてすべて
    y = st.expon.pdf(x, loc=0, scale=1/l)
    plt.plot(x, y, color='black')        # x, yをplotする
    plt.grid()        # グリッド線を引いてくれる
    plt.xlabel('x')        # x軸のラベル
    plt.ylabel('y')        # y軸のラベル
    plt.text(0.5, 0.8*l, 'λ='+str(l), ha='center')
plt.title('λが0.5、1のときの指数分布')
plt.show()
```

89

第4章 推測統計(1)〜確率と確率分布

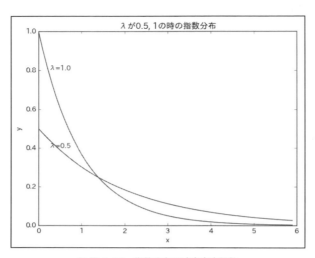

■ 図 4-15　指数分布の確率密度関数

第 **5** 章

推測統計（2）
～サンプリングと推定

本章では、サンプリングと推定について議論します。元になる現象の分布は分からないのですが、そこからサンプルを採ることができてそのサンプルについて統計的な性質が分かるとします。そのときに、元の分布について何が推定できるか、という問題です。たとえば、日本の 20 歳の男性の身長の分布は、全員の測定をすることは難しいでしょう。しかし、10 人の 20 歳男性の標本（サンプル）を集めて身長を測ることはできそうです。学校や職場ならもっと多くのサンプルを集めることもできるかもしれません。当然ながら一般には、サンプルの採り方がランダムならば、たくさんのサンプルがあれば全体に関してより確かなことが言えるでしょう。これらのことを、より定量的に言おうというのが、本章に掲げるサンプルからの推定の話です。

第5章　推測統計（2）〜サンプリングと推定

5.1　母集団とサンプリング

　まず、**母集団**と**サンプル**（標本）を定義しておきましょう。母集団とは、今、何らかの性質が知りたい集団全体のことを言います。たとえば、20歳男性の日本人全体の身長を議論したいときの20歳男性の日本人全体といったイメージです。その中から、何人かの身長が分かるとき、それをサンプル（標本）と言います。身の回りにいる10人の20歳男性や、企業や学校で健康診断のときに測れるとすれば、その企業や学校にいる20歳の日本人男性などです。母集団の全員を測ることができないが、その一部であるサンプルについては測ることができる、という状況を考えます。このようなときに、一部のサンプルから全体である母集団の性質を統計を使って推し量ろうというのが、統計的な推定、統計的推測です。

サンプルを採るということ

　母集団は分布を持っているわけですが（母集団分布と呼びます）、その分布の中からサンプルを n 個採る（サンプリングする）ことになります。得られたサンプルを $x_1, x_2, \cdots, x_n$ とすると、このサンプルから標本平均や標本分散などの統計量を得ることができますが、その値はサンプルの採り方によって変わります。**表 5-1** のような有限の小さな母集団の例[1]で計算してみます。

学生	1	2	3	4	5
身長（cm）	175	170	169	165	164

■ 表 5-1　母集団の例

　この中から3名のサンプルを選ぶとします。たとえば、学生（1, 2, 3）を選ぶと平均は171.3cm になります。また、学生（3, 4, 5）を選ぶと平均は166.0cm になります。3名の組合せのすべてのパターンを採って、それぞれの平均を計算すると、**表 5-2** のようになります。ここで分かることは、サンプルの採り方によってサンプル平均の値は変わることです。

　どのサンプルを選ぶかというプロセスを確率現象だと見れば、それぞれの平均値が

---

[1]　『基礎統計学 I　統計学入門』（東京大学教養学部統計学教室編、東京大学出版会、1991）p.178、表 9.2 のデータと表 9.3 の考え方を参考とした。

同じ確率 1/10 を持つ事象と考えることができます。つまり、サンプルの採り方によるばらつきを統計的に扱うことになります。これを**標本分布**と言うことがあります。

サンプル	要素 1	要素 2	要素 3	要素の平均	このサンプルの起こる確率
学生 (1, 2, 3)	175	170	169	171.3	1/10
学生 (1, 2, 4)	175	170	165	170.0	1/10
学生 (1, 2, 5)	175	170	164	169.6	1/10
学生 (1, 3, 4)	175	169	165	169.6	1/10
学生 (1, 3, 5)	175	169	164	169.3	1/10
学生 (1, 4, 5)	175	165	164	168.0	1/10
学生 (2, 3, 4)	170	165	164	168.0	1/10
学生 (2, 3, 5)	170	169	164	167.6	1/10
学生 (2, 4, 5)	170	165	164	166.3	1/10
学生 (3, 4, 5)	169	165	164	166.0	1/10

■ 表 5-2　サンプルの採り方によって標本平均が変わる

　ここで、それぞれのサンプルの起こる確率をすべて 1/10 としたのは、ランダムなサンプルの採り方（**ランダムサンプリング**）をするという仮定をしているためです。（単純）ランダムサンプリングは、N 個からなる母集団から n 個のサンプルを選ぶのに、母集団の各要素がサンプルに含まれる確率（抽出率）が等しく n/N になるように抽出するものです。この例の場合は、すべての起こり得るパターンを用意しています。もしサンプルの仕方がランダムであれば、次の節で見るように、サンプルの統計的な性質は母集団の統計的な性質を強く反映したものになります。

5.2 平均・分散・その他の統計指標の点推定

　本節では、サンプルから母集団の統計指標の値を推定する方法を検討します。母集団の統計指標の値をピンポイントで推定するので**点推定**と呼びます。これに対して、次節では指標値の取る区間を推定するので、**区間推定**と呼びます。本節の点推定では、母集団の平均・分散がサンプルの平均・不偏分散によって点推定できることを示します。

第5章　推測統計（2）～サンプリングと推定

5.2.1　サンプルの平均による母集団平均の点推定

ランダムに採ったサンプル $X_1, X_2, \cdots, X_n$ の平均 $\overline{X} = (X_1 + X_2 + \cdots + X_n)/n$ を考えます。この平均は表5-2で見たようにサンプルの採り方で変わります。いくら無作為にサンプルを採ったとしても背の高い人ばかり採ることもあれば、背の低い人ばかり採ることもあるでしょう。いろいろなサンプルの採り方 $A, B, C, \cdots$ をしたときの平均 $\overline{X_A}, \overline{X_B}, \cdots$ の期待値 $E(\overline{X})$ は、母集団の平均 μ に一致することが、以下の議論から言えます。

サンプルの採り方がランダムで、表5-2のようにすべてのパターンの出現確率が同一（一様）ならば、$E(X_1) = E(X_2) = \cdots = E(X_n) = n\mu$ が成り立つと言えるので、この確率変数の平均値 $\overline{X} = (X_1 + X_2 + \cdots + X_n)/n$ の期待値は

$$E(\overline{X}) \;=\; E(\,(X_1 + X_2 + \cdots + X_n)/n\,) \;=\; n\mu/n \;=\; \mu$$

となります。

この性質を**大数の法則**[*2]と呼びます。この性質のポイントは、元の母集団の分布がどのような形であっても、ランダムに採ったサンプルの平均値は、サンプル数が大きくなるにつれて母集団の平均値に近づく、という点です。元の母集団が正規分布のような左右対称のきれいな形でなくともよいということです。左右が偏った分布の例でこれが成り立つか、調べてみましょう。

例として、**図5-1**にあるような確率分布を考えます。横軸 x の範囲は0から1とし、確率密度関数は

$$y = 7 \cdot x^6$$

とします。y を $-\infty < x < \infty$ で積分して1になるように、係数7を掛けてあります。

この分布に従う確率変数のランダムサンプルを、一様分布に生成関数を施す方法で生成します。

[*2]　これは「大数の法則」の1つの形です。

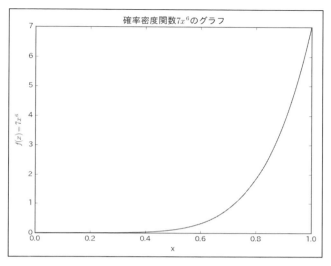

■ 図 5-1　偏った分布の例：　$y = 7 \cdot x^6$、区間 $[0, 1]$

確率分布 $f(x)$ に従うランダムサンプルの生成

確率分布関数 $f(x)$ が与えられているとき、それに従うランダムサンプルを作る方法はいくつかありますが、ここでは生成関数を導きそれを一様ランダムサンプルに施す方法を紹介します。

確率密度関数 $f(s) = 7x^6$ の累積分布関数 $F(x)$

$$F(x) = \int_{-inf}^{x} f(x)dx = 7\left[\frac{x^7}{7}\right] = x^7$$

を考えます。この累積分布関数 $y = x^7$ の逆関数を求め、$x = \sqrt{7}{y}$ となります。これを、一様分布で生成された数に施します。Pythonでは、区間 $[0, 1]$ の一様分布として生成された N 個の値をリスト U として持つとする、U の各要素に $\sqrt{7}{x}$ を適用した値のリスト $\sqrt{7}{U}$ がサンプル列になります。

実際にランダムサンプルを生成し、その発生頻度が密度関数に合っているかどうかを**リスト 5-1** のプログラムで確かめてみました。**図 5-2** は発生頻度分布を密度関数 $f(s) = 7x^6$ と重ねて表示していますが、一致しています。

第 5 章 推測統計（2）〜サンプリングと推定

■ リスト 5-1　密度関数から逆変換法で生成したサンプルの頻度分布

```
# 逆変換法で一様分布から確率密度関数7*(x**6)の分布を得る
import numpy as np
import matplotlib.pyplot as plt
import scipy.stats

nbins = 50
np.random.seed()
N = 100000
U = scipy.stats.uniform(loc=0.0, scale=1.0).rvs(size=N)  # 一様乱数を発生
X = U ** (1/7)           # Uをx**(1/7) で変換
x = plt.hist(X, nbins, color='black', normed=True, alpha=0.3)  # 頻度分布を描画
x = np.linspace(0,1,1000)    # 他方で元の確率密度関数を描画するため等間隔の点生成
y = 7*(x**6)                 # 確率密度関数の値を計算
plt.plot(x, y, 'r-', color='black')  # 確率密度関数を描画
plt.show()
```

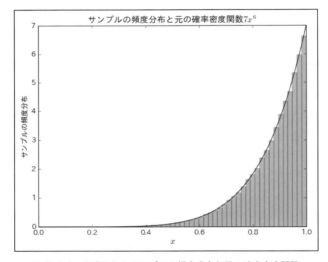

■ 図 5-2　生成されたサンプルの頻度分布と元の確率密度関数

さて、ここで確かめたいのは、このように偏った分布であってもランダムに採ったサンプルの平均は母集団の平均と一致することです。この例では母集団の平均は確率密度関数から計算される平均は

$$\mu = \int_{-\infty}^{\infty} f(x)dx = \int_0^1 x \cdot 7x^6 dx$$

$$= 7 \cdot \int_0^1 x^7 dx = 7 \cdot \left[\frac{x^8}{8} \right]$$

$$= \frac{7}{8} = 0.875$$

となりますが、ランダムサンプルの平均値は**リスト 5-2** のプログラムによって計算すると、**表 5-3** のようになりました。参考に、等間隔でサンプリングした値も載せています。

サンプル数	等間隔にサンプリング	ランダムにサンプリング
10 点	0.809384	0.799322
100 点	0.869246	0.868049
1000 点	0.874481	0.872993
10000 点	0.874952	0.873892
100000 点	0.874996	0.874681

■ 表 5-3　偏った分布　$y = 7 \cdot x^6$、区間 $[0, 1]$　から採ったサンプルの平均値

■ リスト 5-2　偏った分布のサンプルの平均値を求めるプログラム

```
import numpy as np
import scipy.stats
from numpy.random import *
# 分布7*(x**6)の累積分布関数の逆関数を用いてサンプルを生成し、平均を求めるプログラム
print('理論上の平均値   0:8.6f'.format(7/8))
for points in [10, 100, 1000, 10000, 100000]:
    print('0:5d 点'.format(points), end='   ')
    x = np.linspace(0, 1, points)   # 等間隔でサンプリング点を選ぶ
    mu = np.mean(x**(1/7))          # x**(1/7)でサンプル生成しその平均を取る
    print('等間隔でサンプル   0:8.6f'.format(mu), end='   ')
    np.random.seed()                # 乱数発生のタネ設定
    x = scipy.stats.uniform(loc=0.0, scale=1.0).rvs(size=points)
                                    # 乱数でサンプリング点を取る
    mu = np.mean(x**(1/7))          # x**(1/7)でサンプル生成しその平均を取る
    print('ランダムにサンプル   0:8.6f'.format(mu))
```

　この例でも分かるように、極端に偏った分布であっても、ランダムにサンプリングした多数のサンプルの平均値は、標本平均を母集団平均（母平均）とみなしてよい、という性質（大数の法則）が成り立っています。

　さらに、サンプルの確率分布の形は、サンプル数が十分に大きいと正規分布に近づく、という性質（中心極限定理）が分かっています。証明はややこしいので他書に譲

りますが、前掲の図5-1の分布を母集団としてランダムサンプリングした結果の平均値の分布をグラフに描いてみました（**リスト5-3**のプログラム）。サンプリング数が5、10、1000、100000の場合を**図5-3**に示します。

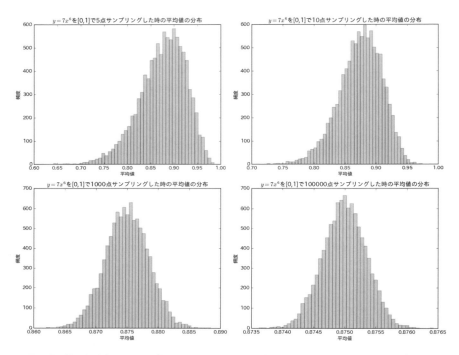

■ 図5-3　偏った分布 $y = 7 \cdot x^6$ [0, 1] から5点、10点、1000点、100000点サンプルしたときの平均値の分布

サンプルの点数を増やすと徐々に正規分布の釣り鐘型に近づくこと、また分布の幅（広がり）が狭くなって、平均値 0.875 へ寄っていくことが分かります。

■ リスト5-3　逆変換法で生成したサンプルの平均値の分布を描画するプログラム

```
import numpy as np
from numpy.random import *
import scipy.stats
import matplotlib.pyplot as plt

# 分布7*(x**6)のランダムサンプルの平均値を求めることを多数回繰り返して、その分布を描画する
for points in [5, 10, 1000, 100000]:
    mus = []
    for repeat in range(10000):
```

```
        np.random.seed()            # 乱数発生のタネ設定
        x = scipy.stats.uniform(loc=0.0, scale=1.0).rvs(size=points)
                                    # 乱数でサンプリング点を取る
        mu = np.mean(x**(1/7))      # x**(1/7)でサンプル生成しその平均を取る
        mus.append(mu)

plt.title(r"$y = 7x^6$を[0,1]で"+str(points)+"点サンプリング時の平均値")
plt.xlabel('平均値')
plt.ylabel('頻度')
plt.hist(mus, bins=50, color='gray', ec='black', alpha=0.3)
plt.show()
```

5.2.2　サンプルの不偏分散による母集団分散の推定

次に、分散について考えます。ランダムに採ったサンプル $X_1, X_2, \cdots, X_n$ の分散の期待値

$$E\left(\frac{\sum n \cdot (X_i - \overline{X})^2}{n-1}\right)$$

は母集団の分散 σ^2 に一致します。その議論に入る前に、3.2 節でも触れましたが、分散の定義式には 2 つあるように見えるので注意をする必要があります。

まず、元のデータの全体（母集団）$x_1, x_2, \cdots, x_N$ から計算する分散を**母分散**と呼びます。母分散 σ^2 は

$$\sigma^2 = \frac{\sum_{i=1}^{N}(x_i - \mu)^2}{N} \qquad \text{ただし、} \mu \text{ は } x_1, x_2, \cdots, x_N \text{ の平均値}$$

で表されます。この式の意味は、それぞれのデータ x_i について平均値からのずれ $(x_i - \mu)$ の二乗を平均したものです。

次に、母集団からサンプル $X_1, X_2, \cdots, X_n$ を n 個取ります。サンプルから計算する分散を**標本分散**と呼びます。標本分散を S^2 と書くとすると

$$S^2 = \frac{\sum_{i=1}^{n}(X_i - \overline{X})^2}{n}$$

で表されます。ただし $\overline{X}$ はサンプル $X_1, X_2, \cdots, X_n$ の平均値です。

さらに、サンプル $X_1, X_2, \cdots, X_n$ から、**不偏分散**

$$s^2 = \frac{\sum_{i=1}^{n}(X_i - \overline{X})^2}{n-1}$$

第5章　推測統計（2）〜サンプリングと推定

が定義されます。

不偏分散 s^2 は、その期待値 $E(s^2)$ が母分散 σ^2 に一致し、母分散を「不偏に」（過少にも過大にもならずに）推定することができます（証明は囲み記事「$n-1$ の由来」を参照してください）。

$$E(s^2) = \sigma^2$$

他方、第3章で定義したように、サンプルから単純に分散を計算した標本分散 S^2 は

$$E(S^2) = \frac{n-1}{n} \cdot \sigma^2$$

となるので、n が小さいときには母分散を正しく推定できません。上の式から分かるように $n = 10$ 程度では 10% 程度の誤差が出ることになります。ただし、n が大きいときには両者はほとんど差がなくなるので、不偏分散と標本分散の細かい区別をしていない説明もあります。

また、ソフトウェアパッケージで分散を計算するとき（分散の関数が定義されているとき）、これらを区別して2種類の関数を用意している場合があります。たとえば、Microsoft Excel では関数 VARP（または VAR.P）が母分散（標本分散）を、VAR（または VAR.S）が不偏分散を計算します。本書で取り上げる Python の statistics ライブラリでは関数 pvariance が母分散（標本分散）を、variance が不偏分散を計算します。また、NumPy のライブラリでは関数 var の引数 ddof によって両者を区別します。具体的には分母が $(n - ddof)$ として計算します。つまり ddof が 0 なら母分散、ddof が 1 ならば不偏分散になります。

---

n − 1 の由来

不偏分散で分母を $n-1$ にする理由は、不偏分散を計算するときの自由度が $(n-1)$ だからです。自由度は（値がばらつくときに）自由に動ける変数の数と考えるとよいと思います。平均値からのずれの式は、$(X_1 - \overline{X}) + (X_2 - \overline{X}) + \cdots + (X_n - \overline{X})$ ですが、このときに使う平均値 $\overline{X}$ は母平均 σ と違ってサンプルの採り方でばらつきます。つまり、1つ分のばらつきがここにあるわけです。そうすると、分散の部分にあるばらつき（つまり自由度）は変数の数 n より1つ

減って、$(n-1)$ になる、という理屈です。それで、不偏分散の分母は $(n-1)$ になります。

もう少し数式上で考えてみます。まず、2つの独立な確率変数 X と Y の和 $X+Y$ について、平均と分散を考えます。X の平均を $E(X)$、分散を $V(X)$ と書くことにします。そうすると

$$
\begin{aligned}
V(X) &= \sum (x-\mu)^2 f(x) \\
&= \sum x^2 f(x) - \mu \sum 2x f(x) + \mu^2 \sum f(x) \\
&= E(X^2) - 2\mu E(X) + \mu^2 \\
&= E(X^2) - \mu^2 \qquad (\mu = E(X) \text{ なので}) \\
&= E(X^2) - (E(X))^2
\end{aligned}
$$

を使って

$$
\begin{aligned}
&V(X+Y) \\
&= E((X+Y)^2) - E(X+Y)^2 \\
&= E(X^2 + 2XY + Y^2) - E(E(X) + E(Y))^2 \\
&\qquad\qquad\qquad (E(X+Y) = E(X) + E(Y) \text{ なので}) \\
&= (E(X^2) + 2E(XY) + E(Y^2)) - (E(X)^2 + 2E(X)E(Y) + E(Y)^2) \\
&= (E(X^2) - E(X)^2) + (E(Y^2) - E(Y)^2) + 2E(XY) - 2E(X)E(Y) \\
&= V(X) + V(Y) + 2E(XY) - 2E(X)2E(Y)
\end{aligned}
$$

ここで、X と Y は独立なので $E(XY) = E(X)E(Y)$ となります。よって

$$
V(X+Y) = V(X) + V(Y) \qquad (\text{分散の加法性})
$$

が得られます。

これを使って次の計算をします。それぞれのデータについて

$$
\text{確率変数の値 } X = \text{偏差 } d + \text{平均 } \overline{X}
$$

第5章　推測統計（2）〜サンプリングと推定

と書けるので、それぞれの項についてデータ全体での分散を考えると

$$V[X] = V[d] + V[\overline{X}]$$

$$\sigma^2 = V[d] + \frac{\sigma^2}{n}$$

$$V[d] = \sigma^2 - \frac{\sigma^2}{n}$$

$$= \frac{\sigma^2}{n}$$

ただし

$$V[\overline{X}] = V[\frac{\sum x_i}{n}]$$

$$= \left(\frac{1}{n}\right)^2 \sum V[x_i]$$

$$= \left(\frac{1}{n}\right)^2 \times n\sigma^2 = \frac{\sigma^2}{n}$$

自由度による計算上の調整はいろいろなところで出てきます。たとえば、『心理統計学の基礎―統合的理解のために』（南風原朝和著、有斐閣、2002.6）では統計におけるいろいろな場面での適用について説明していますので、参考にしてください。また、Web ページ http://home.a02.itscom.net/coffee/tako08Annex2.html にも面白い説明があります。

5.2.3　サンプルの平均のばらつき（分散）

　前の節ではサンプルから計算した統計指標、つまり平均や分散などの平均値を考えました。サンプルの採り方で統計指標は変わってくるのでばらつきます。そのときの平均値については、サンプルを採る回数を増やしたときに、サンプルの平均の平均は母集団の平均値に、サンプルの不偏分散の平均は母集団の分散に一致することを見てきました。では、サンプルの平均のばらつき具合、つまり**標本平均の分散**はどうなるでしょうか。

　標本平均 $\overline{X}$ の分散は、定数 a, b について $V(aX + b) = a^2 V(X)$、独立な確率変数 X, Y について $V(X + Y) = V(X) + V(Y)$ であることを使って

5.2 平均・分散・その他の統計指標の点推定

$$V(\overline{X}) = V(\frac{X_1 + X_2 + \cdots + X_n}{n})$$
$$= (\frac{1}{n})^2 V(X_1 + X_2 + \cdots + X_n)$$
$$= \frac{1}{n^2}(V(X_1) + V(X_2) + \cdots + V(X_n))$$
$$= \frac{1}{n^2}(n\sigma^2) = \frac{\sigma^2}{n}$$

となります。つまり標本平均の分散は $V(\overline{X}) = \sigma^2/n$、母集団の分散の $1/n$ になります。

これによると、n が大きくなれば標本平均のばらつきは小さくなることを示しています。前に見た標本平均の平均は母平均に一致することと併せると、n が大きくなると標本平均は母平均に収束することが分かります。

有限母集団修正

母集団の大きさ N がサンプル数 n に比べて大きくない場合、標本平均 $\overline{X}$ の分散 $V(\overline{X})$ は、上述の σ^2/n より小さくなります。具体的には

$$V(\overline{X}) = \frac{N - n}{N - 1} \cdot \frac{\sigma^2}{n}$$

となります。この修正係数 C_N

$$C_N = \frac{N - n}{N - 1}$$

は有限母集団修正と呼ばれ、母集団の大きさが有限 N の場合の修正係数になります。母集団が無限個つまり $N \to \infty$ のときには、明らかに $C_N = 1$ になります。

数値例 5-1　有限母集団修正の例

有限母集団修正係数が影響する場合を、5.1 節で取り上げた例を使って見てみましょう。表 5-1 では母集団の大きさが $N = 5$ で、表 5-2 ではサンプル数を 3 としたときのサンプルを抽出していますが、全貌を見るためにすべての可能なサンプルのパターンを求めて、それぞれのサンプルの平均 $\overline{X_n}$ を計算しました。この例を使って標本平均の分散を求めると、まず標本平均の平均が 168.60、標本平均の分散は 2.57 となります。これは母集団の分散 $\sigma^2 = 15.44$ に比べてずいぶん小

103

第5章　推測統計（2）〜サンプリングと推定

さい値になっています。そこで、有限母集団修正係数を求めると、母数 $N = 5$、標本数 $n = 3$ なので、$C_N = (N - n)/(N - 1) = 2/4 = 0.5$ となるので

$$V(\overline{X}) = C_N \cdot (\sigma^2)/n = 0.5 \cdot 15.44/3 = 2.57$$

が得られます。

同様に、サンプル数を 2、3、4 としたときの計算結果を**表 5-4** に示します。

	2 標本 ($n=2$)	平均	3 標本 ($n=3$)	平均	4 標本 ($n=4$)	平均
	(1,2)	172.50	(1,2,3)	171.33	(1,2,3,4)	169.75
	(1,3)	172.00	(1,2,4)	170.00	(1,2,3,5)	169.50
	(1,4)	170.00	(1,2,5)	169.67	(1,2,4,5)	168.50
	(1,5)	169.50	(1,3,4)	169.67	(1,3,4,5)	168.25
	(2,3)	169.50	(1,3,5)	169.33	(2,3,4,5)	167.00
	(2,4)	167.50	(1,4,5)	168.00		
	(2,5)	167.00	(2,3,4)	168.00		
	(3,4)	167.00	(2,3,5)	167.67		
	(3,5)	166.50	(2,4,5)	166.33		
	(4,5)	164.50	(3,4,5)	166.00		
標本分散		5.79		2.57		0.97
母分散 σ^2/n		7.72		5.15		3.86
修正係数 C_N		(5-2)/(5-1)		(5-3)/(5-1)		(5-4)/(5-1)
$C_N \times \sigma^2/n$		5.79		2.57		0.97

■ 表 5-4　サンプル数を $n = 2, 3, 4$ としたときの標本分散と修正係数

このように、いずれの場合も

$$V(\overline{X}) = \frac{N - n}{N - 1} \cdot \frac{\sigma^2}{n}$$

となりました。

5.2.4　正規母集団からのサンプルの分散のばらつき

前節ではサンプルの平均（期待値）や分散を用いて母集団の平均や分散を推定する

計算を見てきましたが、そこでは母集団の分布を仮定せずに計算してきました。つまり母集団の分布に関する情報がなくても、計算することができる統計指標だったわけですが、それ以外の指標は母集団の情報がまったくないと計算が困難です。そこで、統計学では母集団の分布の形が分かっているもの、特に適用範囲の広い正規分布に従う場合に限って、サンプルから母集団の統計指標を推定することが考えられてきました。

正規母集団で分散 σ^2 が分かっている場合の標本分布のばらつきと χ^2 分布

本節では分散のばらつき（分散）を考えますが、その前に分散の定義に現れる変数の二乗の和の分布を考えます。$X_1, X_2, \cdots, X_k$ を、独立な、正規分布 $N(0,1)$ に従う確率変数とするとき、$X_i{}^2$ の和 $\chi^2 = X_1{}^2 + X_2{}^2 + \cdots + X_k{}^2$ は、自由度 k の χ^2 分布（カイ二乗分布）に従います。χ^2 分布は、その上側確率（ある値 u より大きい χ^2 の値を取る確率 $P(\chi^2 > u)$）が α となる χ^2 の値が、表として教科書など[*3]に書かれています。上側確率が指定した値 α となる点を $(\alpha \times 100)$ パーセント点と呼びます。たとえば、自由度 $k = 5$ のとき上側確率 $P(\chi^2 > u)$ が 0.05 となる点 u、つまり5パーセント点の値は、χ^2 分布の表を読むと 11.070 と分かります。

サンプルの分散 s^2 の分布は、母集団が分散 σ を持つ正規分布であることが分かっているとき、χ^2 分布を用いて計算することができます。

前提として、サンプルの分散 s^2、母集団の分散 σ^2 から計算される統計量 $\chi^2 \equiv (n-1)s^2/\sigma^2$ が、自由度 $(n-1)$ の χ^2 分布に従うことが分かっています。これを用いて次のような計算ができます。s^2 に着目して、$s^2 = \frac{1}{n-1}\chi^2\sigma^2$ と変形すると、ある値 v より大きい s^2 の値を取る確率 $P(s^2 > v)$ は

$$P(s^2 > v) = P(\frac{1}{n-1}\chi^2\sigma^2 > v)$$
$$= P(\chi^2 > \frac{(n-1) \times v}{\sigma^2})$$

のようになります。

[*3]　たとえば『基礎統計学 I　統計学入門』（東京大学教養学部統計学教室 編、東京大学出版会、1991）など。

第 5 章 推測統計（2）〜サンプリングと推定

数値例 5-2　正規母集団の標本分散の推定（母分散が既知の場合）

例として、母集団が正規分布に従い、母平均 $\mu = 50$、母分散 $\sigma^2 = 25$、サンプルの大きさ $n = 10$ の場合を考えます。このとき、標本分散 s^2 が 50 を超える確率は

$$P(\chi^2 > \frac{(10-1) \times 50}{25}) = P(\chi^2 > 18)$$

で求めることができます。自由度 $n - 1 = 9$ の χ^2 分布の表を見ると、$P(\chi^2 > 18) = 0.035$ であることが分かるので、約 3.5% の確率で標本分散が 50 を超えてしまうことが分かります。なお、分布表にはちょうど 18 になるところがないので、前後から比例配分して求めることになりますが、実は直線で近似できるところではないのでかなりずれて 0.037 程度になってしまいます。下記の Python プログラムで正確に求めると 0.035 になります。

Python で χ^2 分布を計算するには、scipy の stats モジュールにある chi2 クラスを使います。詳細はマニュアル https://docs.scipy.org/doc/scipy/reference/generated/scipy.stats.chi2.html を参照してください。ここで使うのは累積分布関数の計算をする関数 stats.chi2.cdf です。

$$v = \frac{(n-1) \times v}{\sigma^2}$$

を計算しておいて、自由度 $df = (n-1)$ として chi2 の cdf(v, df) を呼びます。

■ リスト 5-4　正規母集団の標本分散の推定（母分散が既知の場合）

```
import scipy.stats
popmean = 50    # v
popvar = 25     # sigma^2
n = 10
v = ((n-1)*popmean)/popvar
print(v, (1-scipy.stats.chi2.cdf(v, n-1)).round(4))
# 出力結果は 18.0   0.0352
```

正規母集団で分散 σ^2 が分からないときの標本分散のばらつきと t 分布

母集団が正規分布であるが分散が分かっていない場合、母分散 σ^2 を標本不偏分散 s^2 で置き換えた統計量を使って計算します。正規分布 $N(\mu, \sigma^2/n)$ を標準正規分布

$N(0, 1)$ に変換する標準化の式は

$$Z = \frac{\overline{X} - \mu}{\sqrt{\sigma^2/n}}$$

で表されますが、この式の σ^2 を s^2 で置き換えたスチューデントの t 統計量

$$t = \frac{\overline{X} - \mu}{\sqrt{s^2/n}}$$

を使います。

この統計量 t の分布は、式変形すると

$$t = \frac{\overline{X} - \mu}{\sqrt{\sigma^2/n}} \Big/ \sqrt{\frac{s^2}{\sigma^2}} = \frac{\overline{X} - \mu}{\sqrt{\sigma^2/n}} \Big/ \sqrt{\frac{(n-1)s^2}{\sigma^2}/(n-1)}$$

この式の分子は標準正規分布 $N(0, 1)$ に、分母は自由度 $(n-1)$ の χ^2 分布に従う分布になっており、かつ分子の $\overline{X}$ と分母の s^2 は独立であるので、統計量 t は自由度 $(n-1)$ の t 分布になります。ただし、t 分布とは、2 つの独立な確率変数 Y と Z が

● Z は標準正規分布 $N(0, 1)$ に従い
● Y は自由度 k の χ^2 分布に従う

とき、確率変数

$$t = \frac{Z}{\sqrt{Y/k}}$$

が従う確率分布です。

t 分布は、母正規分布の分散 σ^2 が分からないときに標本分散 s^2 で代用した分布として、検定などに使われます（5.3.1 項参照）。

Python で t 分布を計算するには、`scipy.stats` の `t` クラスを使います。他の分布と同様に、密度関数値は `t.pdf(x, df)` で、累積分布は `t.cdf(x, df)` で、パーセント点は `t.ppf(q, df)` で計算できます。例として確率密度関数のグラフを描いてみると、**図 5-4** のようになります。

第5章 推測統計（2）〜サンプリングと推定

■ リスト 5-5 t 分布のグラフの描画

```
import matplotlib.pyplot as plt
import numpy as np
import scipy.stats as st
dfs = [2, 20]
mk = ['.', 'x']      # グラフのマーカーの指定
x = np.arange(-4, 4, 0.1)       # -4から4まで0.1刻みの配列

for i, df in enumerate(dfs):    # dfの値についてすべて
    y = st.t.pdf(x, df)   # t分布の確率密度関数値
    plt.plot(x, y, color='black', label='df='+str(df), marker=mk[i]) # x,yをplotする
    plt.xlabel('x')             # x軸のラベル
    plt.ylabel('y')             # y軸のラベル
    plt.legend()                # 凡例
    plt.grid(color='black')     # グリッド線を引いてくれる
plt.title('自由度dfが2, 20のときのt分布')

plt.show()
```

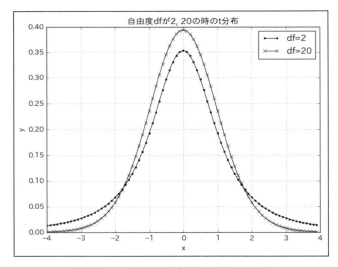

■ 図 5-4 t 分布の例（自由度 2 と 20 の場）

5.2.5　2つの正規母集団の標本平均の差の分布

　次に、母集団が2つの性質の異なる集団からなるときのサンプルを考えます。例として、身長は性別によって平均値が異なる分布になっているかもしれませんし、算数

の成績の分布が算数の好き・嫌いのグループによって異なる分布になっているかもしれません。また、算数の授業を受ける前と受けた後で、同じ学生集団の算数の成績分布を比較して授業が効果があったかどうかを判断できるかもしれません。このような場合に、平均値に差があるか、特に第 6 章で議論する「有意な差があるか」が問題になります。そのための基礎として、平均の差の分布について検討します。

2 つの母正規分布 $N(\mu_1, \sigma_1{}^2)$ と $N(\mu_2, \sigma_2{}^2)$ があるとき、それらから抽出したサンプルの平均の差の分布について考えます。それぞれのサンプルを

$$\overline{X} = \frac{1}{m}(X_1 + \cdots + X_m), \quad \overline{Y} = \frac{1}{n}(Y_1 + \cdots + Y_n)$$

とします。それぞれの母分散 $\sigma_1{}^2, \sigma_2{}^2$ が、(1) 既知である場合、(2) 未知だが等しい場合、(3) 未知かつ等しいかどうか分からない場合、の 3 つに分けて考えます。

(1) $\sigma_1{}^2$、$\sigma_2{}^2$ が既知である場合

それぞれの母分散 $\sigma_1{}^2$、$\sigma_2{}^2$ が既知の場合、$\overline{X}, \overline{Y}$ の分布は正規分布 $N(\mu_1, \sigma_1{}^2/m)$、$N(\mu_2, \sigma_2{}^2/n)$ となり、かつ $\overline{X}$ と $\overline{Y}$ は独立なので、$\overline{X} - \overline{Y}$ の分布は平均値 $\mu_1 - \mu_2$、分散 $(\sigma_1{}^2/m) + (\sigma_2{}^2/n)$ の正規分布 $N(\mu_1 - \mu_2,\ (\sigma_1{}^2/m) + (\sigma_2{}^2/n))$ となります。これを標準化すれば

$$Z = \frac{(\overline{X} - \overline{Y}) - (\mu_1 - \mu_2)}{\sqrt{(\sigma_1{}^2/m) + (\sigma_2{}^2/n)}}$$

となります。

(2) $\sigma_1{}^2$、$\sigma_2{}^2$ の値は未知だが、$\sigma_1{}^2 = \sigma_2{}^2$ である場合

母分散は未知だが等しいことが分かっているときは、共通の母分散 $\sigma^2 = \sigma_1{}^2 = \sigma_2{}^2$ の代わりに、2 つのサンプルを合併したときの分散

$$s^2 = \{\sum_i (X_i - \overline{X})^2 + \sum_j (Y_j - \overline{Y})^2)\}/(m + n - 2)$$
$$= \{(m - 1)s_1{}^2 + (n - 1)s_2{}^2\}/(m + n - 2)$$

を使います。この標本分散 s^2 は、$(m + n - 2)s^2/\sigma^2$ は自由度 $(m + n - 2)$ の χ^2 分布に従うこと、s^2 と $\overline{X} - \overline{Y}$ は独立であることが分かっており

$$Z = \frac{(\overline{X} - \overline{Y}) - (\mu_1 - \mu_2)}{\sqrt{(\frac{1}{m} - \frac{1}{n})\sigma^2}}$$

第 5 章　推測統計（2）〜サンプリングと推定

とすると Z は標準正規分布 $N(0, 1)$ になるので

$$t = \frac{Z}{\sqrt{s^2/\sigma^2}}$$

$$= \frac{(\overline{X} - \overline{Y}) - (\mu_1 - \mu_2)}{s\sqrt{\frac{1}{m} - \frac{1}{n}}}$$

が自由度 $(m + n - 2)$ の t 分布に従うことになります。この統計量 t は 2 サンプルの t 検定に使われます。

　母分散が未知であって、等しいとは限らないときは、一般には $\overline{X} - \overline{Y}$ の分布を求めることはできません。この場合は近似的な方法として、前述の母分散が既知のときの Z の式

$$Z = \frac{(\overline{X} - \overline{Y}) - (\mu_1 - \mu_2)}{\sqrt{(\sigma_1{}^2/m) + (\sigma_2{}^2/n)}}$$

の、母分散 σ_1、σ_2 の代わりに標本分散 $s_1{}^2$、$s_2{}^2$ で置き換えた Z を使い

$$t = \frac{(\overline{X} - \overline{Y}) - (\mu_1 - \mu_2)}{\sqrt{\frac{s_1{}^2}{m} - \frac{s_2{}^2}{n}}}$$

を作ると、t は近似的に自由度が

$$\nu = \frac{\left(\frac{s_1{}^2}{m} + \frac{s_2{}^2}{n}\right)^2}{\frac{(s_1{}^2/m)^2}{m-1} + \frac{(s_2{}^2/n)^2}{n-1}}$$

に最も近い整数 ν^* である t 分布に従うことが知られています（ウェルチの近似法）。区間検定での利用を 5.3.3 項で紹介します。

5.2.6　2 つの正規母集団の標本分散の比の分布

　さて、上記の 2 つの標本平均の差 $\overline{X} - \overline{Y}$ の分布を求める議論で、2 つの母集団分散 $\sigma_1{}^2$ と $\sigma_2{}^2$ の値が未知であっても等しいことが分かっていると、分布の計算ができることが分かりました。そこで、2 つの母分散 $\sigma_1{}^2$、$\sigma_2{}^2$ が等しいか、もしくはその代わりとして、標本分散 $s_1{}^2$、$s_2{}^2$ が等しいか、比 $s_1{}^2/s_2{}^2$ が 1 に近いか、の判定ができるとうれしいことになります。この議論をするのが F 分布です。

110

2つの標本分散 $s_1{}^2$、$s_2{}^2$ は独立で、χ^2 分布に従います。この標本分散を確率変数と見て、その（自由度で調整した）比率を考えます。一般に、確率変数 U、V が、条件 (1) U は自由度 k_1 の χ^2 分布に従う、(2) V は自由度 k_2 の χ^2 分布に従う、(3) U と V は独立である、を満たすときに、比率（**フィッシャーの分散比**）F を

$$F = \frac{U/k_1}{V/k_2}$$

と定義します。この F が従う確率分布を、自由度 (k_1, k_2) の F 分布と呼び、統計表として教科書に与えられています。

この定義を使うと、$(m-1)s_1{}^2/\sigma_1{}^2$ は自由度 $(m-1)$ の χ^2 分布に従い、同様に $(n-1)s_2{}^2/\sigma_2{}^2$ は自由度 $(n-1)$ の χ^2 分布に従い、$s_1{}^2$ と $s_2{}^2$ は独立なので

$$F = \frac{\frac{(m-1)s_1{}^2}{\sigma_1{}^2}/(m-1)}{\frac{(n-1)s_2{}^2}{\sigma_2{}^2}/(n-1)} = \frac{\sigma_2{}^2}{\sigma_1{}^2} \cdot \frac{s_1{}^2}{s_2{}^2}$$

は、自由度 $(m-1, n-1)$ の F 分布に従うことになります。

もし母分散が等しい（$\sigma_1{}^2 = \sigma_2{}^2$）と仮定できるならば、$F$ 分布はサンプルの分散の比

$$F = \frac{s_1{}^2}{s_2{}^2}$$

になります。

なお、教科書などに F 分布の表、正確には自由度 (k_1, k_2) の F 分布において上側確率が α となるパーセント点 $F_\alpha(k_1, k_2)$ の表が掲載されています。これを用いる場合、数表はたとえば $\alpha = 0.05, 0.01, 0.025$ などのように α の値ごとに書かれており、ごく限られた α の値しか与えられていません。このとき

$$F_{1-\alpha}(k_2, k_1) = 1/F_\alpha(k_1, k_2)$$

の関係が成り立つことを使って、たとえば $\alpha = 0.95$ のときの値を求めることができます。これは、もし F が $F(k_1, k_2)$ の分布に従うならば、$1/F$ は $F(k_2, k_1)$ に従うことにより

$$P(1/F \geqq 1/F_\alpha(k_1, k_2)) = P(F < F_\alpha(k_1, k_2)) = 1 - \alpha$$

第5章　推測統計（2）〜サンプリングと推定

となり、さらに F の定義から臨界点を考えると、$1/F_\alpha(k_1, k_2) = F_{1-\alpha}(k_2, k_1)$ となります。

つまり、F が $F(k_1, k_2)$ に従うならば、$1/F$ は $F(k_2, k_1)$ に従い、F 分布の表から $F_{0.05}(k_2, k_1) = x$ が読み取れるならば $P(1/F > x) = 0.05$ となり、$1/F > x$ の逆数を取って $P(F \leqq 1/x) = 0.05$ が言えます。これから $F > 1/x$ の部分の確率は $P(F > 1/x) = (1 - 0.05) = 0.95$ となって、結論として $F_{0.95}(k_1, k_2) = 1/x$ が求められます。

Python でフィッシャーの F 分布を計算するには、scipy.stats の f クラスを使います。他の分布と同様に、密度関数値は t.pdf(x, dfn, dfd) で、累積分布は t.cdf(x, dfn, dfd) で、パーセント点は t.ppf(q, dfn, dfd) で計算できます。例として確率密度関数のグラフを描いてみると、**図 5-5** のようになります。

■ リスト5-6　f 分布のグラフ

```python
import matplotlib.pyplot as plt
import numpy as np
import scipy.stats as st
dfn = 20
dfs = [2, 20]
mk = ['.', 'x']
x = np.arange(0.1, 4, 0.1)          # 0.1から4まで0.1刻みの配列

for i, dfd in enumerate(dfs):       # dfの値についてすべて
    y = st.f.pdf(x, dfn, dfd)
    plt.plot(x, y, color='black', label='dfn='+str(dfn)+', dfd='+str(dfd), \
            marker=mk[i])           # x, yをplotする
    plt.xlabel('x')        # x軸のラベル
    plt.ylabel('y')        # y軸のラベル
    plt.legend()
    plt.grid(color='black')         # グリッド線を引いてくれる
plt.title('自由度dfnが20、dfdが2, 20のときのF分布')

plt.show()
```

112

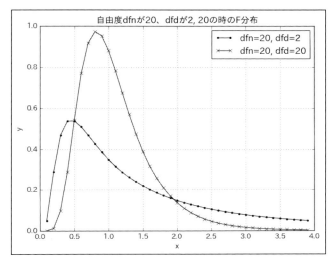

■ 図 5-5　F 分布の例（自由度 dfd=20、dfn=2, 20）

数値例 5-3　2 つの正規母集団の標本分散の比

> たとえば、母分散が同一の正規母集団から $m = 10$、$n = 20$ のサンプルを抽出したときに、2 つのサンプルの分散について、s_1 が s_2 の 2 倍より大きくなる確率を求めてみます。$F = {s_1}^2/{s_2}^2$ で、$F > 2^2 = 4$ となる確率 $P(F > 4)$ は、F 分布の表で見ると $\alpha = 0.005$ の表の $k_1 = n - 1 = 9$、$k_2 = m - 1 = 19$ を見るとほぼ 0.005 となっています。つまり、母分散が等しくてもサンプルの標準偏差が 2 倍以上になる確率が 0.5% 存在するという結果になります。

数値例 5-3 の計算をPythonで行うと、**リスト 5-7** のようになり、結果0.0053を得ます。

■ リスト 5-7　2 つの正規母集団の標本分散の比

```
import matplotlib.pyplot as plt
import numpy as np
import scipy.stats as st
dfn = 10-1      # 自由度k1=9
dfd = 20-1      # 自由度k2=19
x = 4           # 分散の比率4 = 標準偏差の比率2の二乗
alpha = 1 - st.f.cdf(x, dfn, dfd) # 1-累積分布 = 上側確率
print(alpha.round(4))

# 結果は 0.0053
```

5.3 平均・分散・その他の統計指標の区間推定

区間推定とは、「真の値 θ が、区間 $[L, U]$ に入る確率が $(1-\alpha)$ 以上になる（区間に入らない確率を α 未満になる）ように保証する」という推定方法です。一般に、α を指定しておいて区間の上下限 L、U を求めて示します。統計指標の推定値に対して信頼性を表すのによく使われます。図 5-6 のような確率分布に対して、L（下側信頼限界）と U（上側信頼限界）に挟まれた真ん中の区間（信頼区間）に、真の母数 θ が入る確率が $(1-\alpha)$（信頼係数）より大きいことを保証できる、としています。

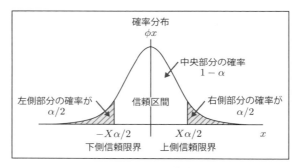

■ 図 5-6 区間推定

区間推定の理論では、前節の点推定と同じ原理を使って計算します。母集団が正規分布である場合に限定して、母集団の平均値・分散、2つの正規母集団の母平均の差、母分散の比の区間推定を議論します。

5.3.1 正規母集団の平均値の区間推定

正規母集団の平均値の区間推定は、母集団の分散 σ^2 が (1) 既知の場合と (2) 未知の場合に分けて議論します。

(1) 母集団が正規分布で分散 σ^2 が既知の場合

分散が既知の正規母集団 $N(\mu, \sigma^2)$ について、母平均 μ を区間推定します。この母集団に対する標本平均 $\overline{X}$ の分布は、正規分布 $N(\mu, \sigma^2/n)$ になることは 5.1 節で見ました。この正規分布を

$$Z = \frac{\overline{X} - \mu}{\sigma/\sqrt{n}} = \frac{\sqrt{n}(X - \mu)}{\sigma}$$

で標準化すると

$$P\left(-Z_{\alpha/2} \leqq \frac{\sqrt{n}(\overline{X} - \mu)}{\sigma} \leqq Z_{\alpha/2}\right) = 1 - \alpha$$

のようになります。ただし、Z_{α} は標準正規分布 $N(0,1)$ において、その点より上側の確率が $100 \times \alpha\%$ となる点（パーセント点）を表します。ここでは $Z_{\alpha/2}$ なので、$100 \times (\alpha/2)\%$ になる点です。この Z の値は、標準正規分布の表を見て求めることができます。

括弧の中の不等式を μ について解くと

$$P\left(\overline{X} - Z_{\alpha/2} \cdot \sigma/\sqrt{n} \leqq \mu \leqq \overline{X} + Z_{\alpha/2} \cdot \sigma/\sqrt{n}\right) = 1 - \alpha$$

のようになり、母平均 μ の信頼係数 $1 - \alpha$ の信頼区間は

$$\left[\overline{X} - Z_{\alpha/2} \cdot \sigma/\sqrt{n} ,\ \overline{X} + Z_{\alpha/2} \cdot \sigma/\sqrt{n}\right]$$

のようになります。

数値例 5-4　母平均の区間推定（母分散が既知の場合）(1)

母集団が正規分布で、母分散 σ^2 が 400.0 であることが分かっているとします。100 個のサンプルを採ったところ、標本平均 $\overline{X}$ は 80.0 でした。このときの母平均を、信頼係数 $1 - \alpha = 0.95$（95%）で推定してみます。

標準正規分布の表（正規分布表）から上側の確率が 0.025 になるパーセント点を探すと、$Z_{\alpha/2} = Z_{0.025} = 1.96$ が得られます。つまり

$$\left[\overline{X} - 1.96 \cdot \sigma/\sqrt{n} ,\ \overline{X} + 1.96 \cdot \sigma/\sqrt{n}\right]$$

となります。$\overline{X} = 80.0$、$n = 100$、$\sigma = \sqrt{400} = 20.0$ を代入すると

$$\left[80.0 - 1.96 \cdot 2.0 ,\ 80.0 + 1.96 \cdot 2.0\right]$$

計算すると

$$76.08 \leqq \mu \leqq 83.92$$

第 5 章　推測統計（2）〜サンプリングと推定

となります。これが信頼係数 95% で推定した母平均の区間です。

標本数がずっと多いとどうなるでしょうか？　標本数 $N = 400$ として同じ計算をすると

$$[\, 80.0 - 1.96 \cdot 1.0 \,,\; 80.0 + 1.96 \cdot 1.0 \,]$$

となるので

$$78.04 \leqq \mu \leqq 81.96$$

となります。ただし計算結果として得られた両端の数字（信頼限界）は、単純に四捨五入するのではなく、下限は切り捨てて小さめに、上限は切り上げて大きめに取っています。これは、μ の値の区間を安全に推定するために、つまりこの範囲に入っていれば信頼係数 95% で入っているというために、範囲を広めに取りたいからです。

得られた範囲は、$n = 100$ に比べると狭くなっていて、サンプルが多くなるとそれだけ推定の精度が上がっていることが分かります。

数値例 5-5　母平均の区間推定（母分散が既知の場合）（2）

もう少し具体的な例を考えてみます。10 人の男子学生の身長を測った結果、下記の表であったとします。母集団は同じ年齢の男子学生で、正規分布していると仮定します。

学生	X_1	X_2	X_3	X_4	X_5	X_6	X_7	X_8	X_9	X_{10}
身長（cm）	175	170	169	165	164	179	172	168	175	170

サンプルの平均 $\overline{X}$ は 170.7 でした。もし、母集団の分散 σ^2 があらかじめ 25.0（標準偏差 σ は $\sqrt{25.0} = 5.0$）だと分かっているのであれば、上記の例と同様にして母集団の平均値を区間推定することができます。信頼係数を 95% に設定すると、正規分布表の上側の確率が 0.025 になるパーセント点 $Z_{\alpha/2} = Z_{0.025} = 1.96$ を求めておいて、区間は

116

5.3 平均・分散・その他の統計指標の区間推定

$$\left[\ \overline{X} - 1.96 \cdot \sigma/\sqrt{n} \ , \ \overline{X} + 1.96 \cdot \sigma/\sqrt{n} \ \right]$$

に対して $\overline{X} = 170.7$、$n = 10$、$\sigma = \sqrt{25.0} = 5.0$ を代入すると

$$\left[\ 170.7 - 1.96 \cdot 2.24 \ , \ 170.7 + 1.96 \cdot 2.24 \ \right]$$

計算すると

$$167.6 \leqq \mu \leqq 173.8$$

つまり、母集団の平均値を信頼係数 95% で推定するとこの区間に入るということになります。ただし、繰り返しますがこれは母集団の分散が 25.0 だと分かっている場合の推定です。

数値例 5-5 をプログラムとして実現すると、**リスト 5-8** のようになります。これは数値例 5-5 の計算式をそのままプログラムに置き直したものです。正規分布表の上側確率が 0.025 となるパーセント点を、プログラムでは

    z_critical = st.norm.ppf(q=q)

ただし、$q = 0.975$ として計算しています。

■ リスト 5-8　母分散が既知の場合の母平均の区間推定

```
# -*- coding: utf-8 -*-
# 母分散が既知の場合の母平均の区間推定
import numpy as np
import scipy.stats as st
import math
sample = np.array([175, 170, 169, 165, 164, 179, 172, 168, 175, 170])
population_stdev = math.sqrt(25.0)    # 母分散既知
confidence_factor = 0.95    # 両側検定で信頼係数0.95
q = 1 - (1-confidence_factor)/2
z_critical = st.norm.ppf(q=q)
sample_mean = sample.mean()
margin_of_error = z_critical * (population_stdev/math.sqrt(len(sample)))
confidence_interval = (sample_mean - margin_of_error, \
                       sample_mean + margin_of_error)
print("信頼区間 [", confidence_interval[0].round(4), ',', \
      confidence_interval[1].round(4), ']' )
# 出力結果は
# 信頼区間 [ 167.601 , 173.799 ]
```

117

第5章　推測統計 (2) ～サンプリングと推定

計算の結果は

$$\text{信頼区間 } (167.601, \; 173.799)$$

となりました。なお、本プログラムは計算を追いやすくするためにステップごとに結果を変数に代入していますが、必ずしも代入する必要はなく、組み合わせた式にまとめて差し支えありません。

(2) 母集団の分散 σ^2 が未知の場合

母分散 σ^2 が未知のときは、母分散をサンプルの不偏分散で置き換えることで、5.2.5 節で見たとおり $\sqrt{n}(\overline{X} - \mu)/s$ は、自由度 $(n-1)$ の t 分布に従います。これを使うと上記の区間に対する確率は

$$P\left(-t_{\alpha/2}(n-1) \leqq \sqrt{n}(\overline{X} - \mu)/s \leqq t_{\alpha/2}(n-1)\right) = 1 - \alpha$$

これを同様に μ について解くと、母平均 μ の信頼係数 $(1-\alpha)$ の信頼区間

$$\left[\, \overline{X} - t_{\alpha/2}(n-1) \cdot s/\sqrt{n} \, , \;\; \overline{X} + t_{\alpha/2}(n-1) \cdot s/\sqrt{n} \,\right]$$

が得られます。パーセント点 $t_{\alpha/2}(n-1)$ の値は t 分布の表から得ることができます。

数値例 5-6　母平均の区間推定（母分散が未知の場合）(1)

数値の例として、ここでも**数値例 5-4** と同じ値を考えましょう。母集団が正規分布で、今度は母分散 σ^2 が分かっていないとします。上で考えたように、母分散をサンプルの不偏分散で置き換え、t 分布を使います。サンプルを 100 個採ったとき、その標本平均 $\overline{X}$ が 80、不偏分散 s^2 が 400 であったとして、このときの母平均を信頼係数 95% で区間推定すると

$$\left[\, \overline{X} - t_{\alpha/2}(n-1) \cdot s/\sqrt{n} \, , \;\; \overline{X} + t_{\alpha/2}(n-1) \cdot s/\sqrt{n} \,\right]$$

から、t 分布の表* を見て、自由度が $(n-1) = 100 - 1 = 99$ のときに上側の確率が 0.025 になるパーセント点を探すと、$t_{\alpha/2}(n-1) = t_{0.025}(99) = 1.98$ が得られます。つまり

$$\left[\, \overline{X} - 1.98 \cdot s/\sqrt{n} \, , \;\; \overline{X} + 1.96 \cdot s/\sqrt{n} \,\right]$$

5.3 平均・分散・その他の統計指標の区間推定

となります。$\overline{X} = 80.0$、$n = 100$、$s = \sqrt{400} = 20.0$ を代入すると

$$[\ 80.0 - 1.98 \cdot 2.0 \ , \ \ 80.0 + 1.98 \cdot 2.0 \ ]$$

計算すると

$$76.03 \leqq \mu \leqq 83.97$$

となります。これが信頼係数 95% で推定した母平均の区間です。

---

*他の教科書を参照。たとえば、『基礎統計学 I　統計学入門』（東京大学教養学部統計学教室 編、東京大学出版会、1991）など。

数値例 5-7　母平均の区間推定（母分散が未知の場合）(2)

また (1) と同様に、数値例 5-5 の男子学生の身長サンプルから、母集団の平均の区間推定を試してみましょう。計算の枠組みは上記の例と同じで、母集団の分散が分からないものとして t 分布を使って推定します。サンプルの平均値は 170.7、不偏分散は 21.8 になっています。サンプル数 $n = 10$ なので t 分布の自由度は $n - 1 = 9$ になります。t 分布の表から自由度が $(n-1) = 10 - 1 = 9$ のときに上側の確率が 0.025 になるパーセント点を探すと、$t_{\alpha/2}(n-1) = t_{0.025}(9) = 2.26$ であることが分かるので

$$\left[\ \overline{X} - 2.26 \cdot s/\sqrt{n} \ , \ \ \overline{X} + 2.26 \cdot s/\sqrt{n} \ \right]$$

となります。$\overline{X} = 170.7$、$n = 10$、$s = \sqrt{21.8} = 4.67$ を代入すると

$$[\ 170.7 - 2.26 \cdot 1.48 \ , \ \ 170.7 + 2.26 \cdot 1.48 \ ]$$

計算すると

$$167.4 \leqq \mu \leqq 174.0$$

となります。これが母集団の平均値を信頼係数 95% で推定した区間です。

第5章　推測統計（2）〜サンプリングと推定

　上記の**数値例 5-7** をプログラムで計算してみます。

■ リスト 5-9　母分散が未知の場合の母平均の区間推定

```
# -*- coding: utf-8 -*
# 母分散が未知の場合の母平均の区間推定
import numpy as np
import scipy.stats as st
import math
sample = np.array([175, 170, 169, 165, 164, 179, 172, 168, 175, 170])
confidence_factor = 0.95    # 両側検定で信頼係数0.95
q = 1 - (1-confidence_factor)/2
t_critical = st.t.ppf(q=q, df=len(sample)-1) # t分布を使う、自由度df=n-1
sample_mean = sample.mean()
sample_stdev = sample.std(ddof=1)    # 母分散未知なのでサンプルの不偏分散を使う
margin_of_error = t_critical * (sample_stdev/math.sqrt(len(sample)))
confidence_interval = (sample_mean - margin_of_error, \
                        sample_mean + margin_of_error)
print('信頼区間 [', confidence_interval[0].round(4), ',', \
    confidence_interval[1].round(4), ']')
# 出力結果は
# 信頼区間 [ 167.3608 , 174.0392 ]
```

　計算の結果は

$$信頼区間 \quad (167.3608, 174.0392)$$

となりました。

5.3.2　正規母集団の分散の区間推定

　5.2.4 項で見たように、$(n-1)s^2/\sigma^2$ が自由度 $n-1$ の χ^2 分布に従うということ
が分かっているので、母集団の分散の信頼区間は

$$P\left(\chi^2{}_{1-\alpha/2}(n-1) \leqq (n-1)s^2/\sigma^2 \leqq \chi^2{}_{\alpha/2}(n-1)\right) = 1 - \alpha$$

となります。これを σ^2 について解くと、母分散 σ^2 の信頼係数 $(1-\alpha)$ の信頼区間

$$\left[\frac{(n-1)s^2}{\chi^2{}_{\alpha/2}(n-1)} , \frac{(n-1)s^2}{\chi^2{}_{1-\alpha/2}(n-1)} \right]$$

が得られます。$\chi^2{}_{\alpha/2}(n-1)$ と $\chi^2{}_{1-\alpha/2}(n-1)$ のパーセント点の値は χ^2 分布の表
から知ることができます。

5.3 平均・分散・その他の統計指標の区間推定

数値例 5-8　母分散の区間推定

数値の例として、母集団が正規分布で、100 個のサンプルを採ったところ、その標本平均 $\overline{X} = 20$、不偏分散 $s^2 = 400$ であったとします。母分散 σ^2 の信頼係数 $(1-\alpha) = 0.95$ の信頼区間を上式を用いて求めますが、パーセント点 $\chi^2_{\alpha/2}(n-1) = \chi^2_{0.025}(99)$ の値は χ^2 分布の表（他書を参照してください）を見ると 128.4、同様に $\chi^2_{1-\alpha/2}(n-1) = \chi^2_{0.975}(99)$ は 73.4 の値が得られるので、母集団の分散 σ^2 の区間推定値は

$$[\ 308.4\ ,\ \ 539.5\ ]$$

となりました。

これをプログラムで計算すると**リスト 5-10** のようになります。

■ リスト 5-10　正規分布の母分散の区間推定

```
# -*- coding: utf-8 -*
# 正規母集団の母分散の区間推定
import numpy as np
import scipy.stats as st
import math

n = 100      # サンプル数
sample_mean = 20  # サンプル平均
sample_var = 400  # サンプル不偏分散

population_stdev = math.sqrt(25.0)    # 母分散既知
confidence_factor = 0.95     # 両側検定で信頼係数0.95
q1 = 1 - (1-confidence_factor)/2 # 0.025
q2 = (1-confidence_factor)/2  # 0.975
chi2_critical1 = st.chi2.ppf(q=q1, df=n-1)  # chi2分布, q=0.125, 自由度df=n-1
chi2_critical2 = st.chi2.ppf(q=q2, df=n-1)  # chi2分布, q=0.975, 自由度df=n-1
numerator = (n-1) * sample_var    # 分子 (n-1)*s^2
confidence_interval = (numerator/chi2_critical1, numerator/chi2_critical2)

print("信頼区間", confidence_interval[0].round(4), confidence_interval[1].round(4))
# 出力結果
# 信頼区間 308.3584 539.7958
```

結果は

信頼区間　308.3584　539.7958

となりました。

121

第5章　推測統計（2）〜サンプリングと推定

5.3.3　正規母集団の母平均の差の区間推定

5.2.5 項で議論したとおり、2 つの正規母集団の母平均の差については、それぞれの母分散 $\sigma_1{}^2$ と $\sigma_2{}^2$ が等しいことが分かっている場合は合併した分散に対して 2 標本統計量を用いて、また等しいと仮定できない場合はウェルチの近似法を用いて推定できます。区間推定もこれと同じ議論で推定できます。

(1) 2 つの母分散 $\sigma_1{}^2$ と $\sigma_2{}^2$ が既知の場合

この場合は、5.2.5 項で求めたように、平均の差 $\overline{X} - \overline{Y}$ の分布は平均値 $\mu_1 - \mu_2$、分散 $(\sigma_1{}^2/m) + (\sigma_2{}^2/n)$ の正規分布 $N(\mu_1 - \mu_2, (\sigma_1{}^2/m) + (\sigma_2{}^2/n))$ となります。正規分布の場合、$\overline{X} - \overline{Y}$ の信頼係数 $(1 - \alpha)$ の信頼区間は

$$\left[\overline{X} - \overline{Y} - Z_{\alpha/2} \cdot \frac{\sigma_1{}^2/m + \sigma_2{}^2/n}{\sqrt{m+n}}, \ \overline{X} - \overline{Y} + Z_{\alpha/2} \cdot \frac{\sigma_1{}^2/m + \sigma_2{}^2/n}{\sqrt{m+n}} \right]$$

となります。

(2) 2 つの母分散 $\sigma_1{}^2$ と $\sigma_2{}^2$ が未知であるが等しい場合

2 つの母分散が未知であるが等しく $\sigma_1{}^2 = \sigma_2{}^2 = \sigma^2$ であるときは、合併した分散

$$s^2 = \frac{1}{m+n-2} \left\{ \sum (X_i - \overline{X})^2 + \sum (Y_j - \overline{Y})^2 \right\}$$

とすると、2 標本統計量

$$t = \frac{(\overline{X} - \overline{Y}) - (\mu_1 - \mu_2)}{s\sqrt{\frac{1}{m} + \frac{1}{n}}}$$

は自由度 $m + n - 2$ の t 分布に従います。これを使えば

$$P\left(-t_{\alpha/2}(m+n-2) \leqq \frac{(\overline{X} - \overline{Y}) - (\mu_1 - \mu_2)}{s\sqrt{\frac{1}{m} + \frac{1}{n}}} \leqq t_{\alpha/2}(m+n-2) \right) = 1 - \alpha$$

これを、$\mu_1 - \mu_2$ について解くと、母平均の差 $\mu_1 - \mu_2$ の信頼係数 $1 - \alpha$ の信頼区間は

$$\left[\overline{X} - \overline{Y} - t_{\alpha/2}(m+n-1)s\sqrt{\frac{1}{m} + \frac{1}{n}}, \ \overline{X} - \overline{Y} + t_{\alpha/2}(m+n-1)s\sqrt{\frac{1}{m} + \frac{1}{n}} \right]$$

となります。

(3) 2 つの母分散散 $\sigma_1{}^2$ と $\sigma_2{}^2$ が等しいと仮定できない場合

2 つの母分散が等しいと仮定できないときは、前述のウェルチの近似法を用いて

$$t = \frac{(\overline{X} - \overline{Y}) - (\mu_1 - \mu_2)}{\sqrt{\frac{s_1{}^2}{m} + \frac{s_2{}^2}{n}}}$$

は自由度が

$$\nu = \frac{\left(\frac{s_1{}^2}{m} + \frac{s_2{}^2}{n}\right)^2}{\frac{(s_1{}^2/m)^2}{m-1} + \frac{(s_2{}^2/n)^2}{n-1}}$$

に最も近い整数 ν^* である t 分布に従うので、信頼係数 $1 - \alpha$ の信頼区間は

$$\left[\overline{X} - \overline{Y} - t_{\alpha/2}(\nu^*)\sqrt{\frac{s_1{}^2}{m} + \frac{s_2{}^2}{n}},\ \overline{X} - \overline{Y} + t_{\alpha/2}(\nu^*)\sqrt{\frac{s_1{}^2}{m} + \frac{s_2{}^2}{n}}\right]$$

となります。

数値例 5-9　母平均の差の区間推定

2 つの母集団の平均値の差を考える例として、学生に対して授業を受ける前と受けた後での成績分布の比較を取り上げます。10 人の学生について、授業前と授業後で次のようなデータが得られたとします。

学生	1	2	3	4	5	6	7	8	9	10
授業前の成績 Y	58	75	80	70	66	63	70	76	82	65
授業後の成績 X	75	70	89	65	95	82	62	77	90	58

まず、2 つの母集団の分散 $\sigma_X{}^2$、$\sigma_Y{}^2$ が既知である場合、母平均の差 $\overline{X} - \overline{Y}$ の信頼係数 0.95 の信頼区間は

$$\left[\overline{X} - \overline{Y} - Z_{0.025} \cdot \frac{\sigma_X{}^2/m + \sigma_Y{}^2/n}{\sqrt{m+n}},\ \overline{X} - \overline{Y} + Z_{0.025} \cdot \frac{\sigma_X{}^2/m + \sigma_Y{}^2/n}{\sqrt{m+n}}\right]$$

になるので、これに値を代入して計算します。標本平均は $\overline{X} = 76.3$、$\overline{Y} = 70.5$ なのでその差 $\overline{X} - \overline{Y} = 5.8$、また信頼係数 0.95% の上側信頼限界は正規分布表

第 5 章　推測統計（2）〜サンプリングと推定

を見ると $Z_{0.025} = 1.96$ となります。さらに $\sigma_1{}^2 = 160.0$、$\sigma_2{}^2 = 56.6$ が既知であるとし、$m + n = 20$ より

$$Z_{0.025} \cdot \frac{\sigma_1{}^2/m + \sigma_2{}^2/n}{\sqrt{m+n}} = 1.96 \cdot \frac{5.66 + 16.0}{\sqrt{20}} = 9.49$$

となるので、5.8 ± 9.49 が得られます。つまり、信頼区間は $[-3.69, 15.29]$ となりました。

数値例 5-9 を Python で計算するプログラムは、**リスト 5-11** のようになります。

■ リスト 5-11　母平均の差の区間推定（母分散が既知の場合）

```
# -*- coding: utf-8 -*-
# 母平均の差の区間推定  〜  母分散が既知の場合
import numpy as np
from scipy.stats import norm
import math

X = [75, 70, 89, 65, 95, 82, 62, 77, 90, 58]
Y = [58, 75, 80, 70, 66, 63, 70, 76, 82, 65]

m = len(X)
n = len(Y)
meanX=np.average(X)
meanY=np.average(Y)
varX = 160.0    # Xの分散は既知とする
varY = 56.6   # Yの分散は既知とする
ppt = norm.ppf(0.025)
confidence_coef = ppt * (varX/m+varY/n) / math.sqrt(m+n)
print('meanX=', meanX, 'meanY=', meanY, 'Z_0.025=', ppt.round(4), '信頼係数=', \
     confidence_coef.round(4))
print('[', (meanX-meanY-confidence_coef).round(4), ',', \
     (meanX-meanY+confidence_coef).round(4), ']')
# 出力結果
# meanX= 76.3 meanY= 70.5 Z_0.025= -1.96 信頼係数= -9.4927
# [ 15.2927 , -3.6927 ]
```

5.3 平均・分散・その他の統計指標の区間推定

数値例 5-10　母平均の差の区間推定（母分散は未知だが等しいことが分かっている場合）

2 つの母集団の分散 $\sigma_X{}^2$、$\sigma_Y{}^2$ が未知であるが等しい場合、母平均の差 $\mu_X - \mu_Y$ の信頼係数 0.95 の信頼区間は

$$\left[\overline{X} - \overline{Y} - t_{\alpha/2}(m+n-1)s\sqrt{\frac{1}{m}+\frac{1}{n}},\ \overline{X} - \overline{Y} + t_{\alpha/2}(m+n-1)s\sqrt{\frac{1}{m}+\frac{1}{n}} \right]$$

を求めることになります。

前述の学生の成績分布の数値例 5-9 を用います。サンプルの平均 $\overline{X} = 76.3$、$\overline{Y} = 70.5$ と、$m = n = 10$、$t_{\alpha/2}(m+n-1) = t_{0.025}(19) = 2.093$、および合併した分散 $s = \sqrt{(1/18)\{\sum(X_i - \overline{X})^2 + \sum(Y_j - \overline{Y})^2\}} = 10.48$ を代入すると

$$\left[76.3 - 70.5 - 2.093 \cdot 10.48\sqrt{\frac{1}{10}+\frac{1}{10}}, 76.3 - 70.5 + 2.093 \cdot 10.48\sqrt{\frac{1}{10}+\frac{1}{10}} \right]$$

となり、5.8 ± 9.81 が得られます。つまり、事前と事後の点数の平均値の差は信頼係数 95% で区間 $[-4.01, 15.61]$ に収まることが推定できます。

数値例 5-10 を Python で計算するプログラムは**リスト 5-12** のようになります。

■ リスト 5-12　母平均の差の区間推定（母分散が等しいことだけが分かっている場合）

```
# -*- coding: utf-8 -*-
# 成績の平均値の差　母分散が等しいことだけが分かっている場合
import numpy as np
from scipy.stats import t    # t分布
import math

X = [75, 70, 89, 65, 95, 82, 62, 77, 90, 58]
Y = [58, 75, 80, 70, 66, 63, 70, 76, 82, 65]


m = len(X)
n = len(Y)
meanX=np.average(X)
meanY=np.average(Y)
ppt = -t.ppf(0.025, m+n-1)    # t分布、q=0.025の下側累積から計算、自由度m+n-1
s = math.sqrt( (sum((X-meanX)**2) + sum((Y-meanY)**2)) / (m+n-2) )
confidence_coef = ppt * s * math.sqrt(1/m+1/n)

print('meanX=', meanX, 'meanY=', meanY, 't_0.025=', ppt.round(4), 's=', round(s, 4), \
```

125

第 5 章　推測統計（2）〜サンプリングと推定

```
      '信頼係数=', confidence_coef.round(4))
print('[', (meanX-meanY-confidence_coef).round(4), ',', \
      (meanX-meanY+confidence_coef).round(4), ']')
# 出力結果は
# meanX= 76.3 meanY= 70.5 t_0.025= 2.093 s= 10.4791 信頼係数= 9.8087
# [ -4.0087 , 15.6087 ]
```

数値例 5-11　母平均の差の区間推定（母分散が分からない場合）

母平均の差の区間推定で母分散が分からない場合は、ウェルチの近似法を用いることになります。前述の数値例 5-9 と同じ学生データを用います。

この場合、信頼係数 95% の信頼区間は

$$\left[\overline{X}-\overline{Y}-t_{0.025}(\nu^*)\sqrt{\frac{s_X{}^2}{m}+\frac{s_Y{}^2}{n}},\ \overline{X}-\overline{Y}+t_{0.025}(\nu^*)\sqrt{\frac{s_X{}^2}{m}+\frac{s_Y{}^2}{n}}\right]$$

ただし ν^* は

$$\nu = \frac{\left(\frac{s_X{}^2}{m}+\frac{s_Y{}^2}{n}\right)^2}{\frac{(s_X{}^2/m)^2}{m-1}+\frac{(s_Y{}^2/n)^2}{n-1}}$$

に最も近い整数です。事前・事後の成績データから計算をすると、$\overline{X}=76.3$、$\overline{Y}=70.5$、差 $\overline{X}-\overline{Y}=5.8$、$s_X{}^2=160.0$、$s_Y{}^2=59.6$、$m=n=10$ なので

$$\nu = \frac{\left(\frac{s_X{}^2}{m}+\frac{s_Y{}^2}{n}\right)^2}{\frac{(s_X{}^2/m)^2}{m-1}+\frac{(s_Y{}^2/n)^2}{n-1}}$$
$$= \frac{(16.0+5.96)^2}{16.0^2/9+5.96^2/9}$$
$$= 482.24/(28.44+3.95) = 14.89$$

となり、最も近い整数は $\nu^*=15$ となります。これを用いて

$$t_{0.025}(\nu^*)\sqrt{\frac{s_X{}^2}{m}+\frac{s_Y{}^2}{n}}$$
$$= t_{0.025}(15)\sqrt{16.0+5.96}$$
$$= 2.13\cdot 4.69 = 9.99$$

となり、5.8 ± 9.99 が得られます。つまり事前と事後の点数の平均値の差は信頼係数 95% で区間 $[-4.19, 15.79]$ と推定できます。

数値例 5-11 を Python で計算するプログラムは、**リスト 5-13** のようになります。

■ リスト 5-13　母平均の差の区間推定（母分散が分からないとき）

```
# -*- coding: utf-8 -*-
# 成績の平均値の差　母分散の値が分からない場合
import numpy as np
from scipy.stats import t
import math

X = [75, 70, 89, 65, 95, 82, 62, 77, 90, 58]
Y = [58, 75, 80, 70, 66, 63, 70, 76, 82, 65]

m = len(X)
n = len(Y)
meanX=np.average(X)
meanY=np.average(Y)
sX = np.std(X, ddof=1)      # Xの標本標準偏差
sY = np.std(Y, ddof=1)      # Yの標本標準偏差
# nuの計算
nu = (((sX**2)/m+(sY**2)/n)**2) / (((((sX**2)/m)**2)/(m-1)) + \
     (((((sY**2)/n)**2)/(n-1)))
nuasta = round(nu)          # nuの最も近い整数をround()で計算
ppt = -t.ppf(0.025, nuasta)  # nuastaを自由度とするt分布の0.025のパーセント点
confidence_coef = ppt * math.sqrt((sX**2)/m+(sY**2)/n)

print('meanX=', meanX, 'meanY=', meanY, 'sX=', sX.round(4), 'sY=', sY.round(4))
print('nu', nu.round(4), 't_0.025=', ppt.round(4), '信頼係数=', \
      confidence_coef.round(4))
print('[', (meanX-meanY-confidence_coef).round(4), ',', \
      (meanX-meanY+confidence_coef).round(4), ']')
# 出力結果
# meanX= 76.3 meanY= 70.5 sX= 12.6495 sY= 7.7208
# nu 14.8885 t_0.025= 2.1314 信頼係数= 9.9888
# [ -4.1888 , 15.7888 ]
```

5.3.4　正規母集団の母分散の比の区間推定

母分散の比についても、5.2.6 項の比の推定で見たように

$$\frac{\sigma_2{}^2 s_1{}^2}{\sigma_1{}^2 s_2{}^2}$$

は自由度 $(m-1, n-1)$ の F 分布に従うので

第5章　推測統計（2）〜サンプリングと推定

$$P\left(F_{1-\alpha/2}(m-1,n-1) \leqq \frac{{s_1}^2}{{s_2}^2} \cdot \frac{{\sigma_2}^2}{{\sigma_1}^2} \leqq F_{\alpha/2}(m-1,n-1)\right) = 1-\alpha$$

となり、これを比 ${\sigma_2}^2/{\sigma_1}^2$ について解くことにより、この比の $(1-\alpha)$ の信頼区間は

$$\left[F_{1-\alpha/2}(m-1,n-1){s_2}^2/{s_1}^2,\ F_{\alpha/2}(m-1,n-1){s_2}^2/{s_1}^2\right]$$

となります。

数値例 5-12　母分散の比の区間推定

---

2 つの母集団の分散の比 ${\sigma_2}^2/{\sigma_1}^2$ を考える数値例として、前項の授業前・授業後の成績分布の数値例 5-9 を用いて計算してみましょう。前述の例題で、${s_X}^2 = 160.0$, ${s_Y}^2 = 59.6$, $m = n = 10$ が分かっているので、母分散の比 ${\sigma_X}^2/{\sigma_Y}^2$ の信頼係数 $(1-\alpha = 0.95)$ の信頼区間の上限・下限はそれぞれ

$$F_{1-\alpha/2}(m-1,n-1) \cdot {s_2}^2/{s_1}^2$$
$$= F_{0.975}(9,9){s_X}^2/{s_Y}^2$$
$$= F_{0.975}(9,9)(160.0/56.6) = F_{0.975}(9,9) \cdot 2.68$$

同様に

$$F_{\alpha/2}(m-1,n-1) \cdot {s_2}^2/{s_1}^2$$
$$= F_{0.025}(9,9) \cdot 2.68$$

F 分布の値は数表を見て求めますが、$F_{0.975}(9,9)$ の値は表になく $F_{1-\alpha}(u,v) = 1/F_{\alpha}(v,u)$ として求めます。$F_{0.025}$ の F 分布の表を用いると、$F_{0.025}(9,9) = 4.026$ を得るので、$F_{0.975}(9,9) = 1/4.026 = 0.248$ となります。母分散の比 ${\sigma_X}^2/{\sigma_Y}^2$ の信頼係数 95% の信頼区間は

$$[0.67, 10.81]$$

と推定できます。この値は、サンプルの不偏分散の比、${s_X}^2/{s_Y}^2 = 2.68$ に比べてずいぶん幅が広がっています。

128

数値例 **5-12** を Python で計算するプログラムは、**リスト 5-14** のようになります。

■ リスト 5-14　母分散の比の区間推定

```python
# -*- coding: utf-8 -*-
# 成績の母分散の比
import numpy as np
from scipy.stats import f    # f分布
import math


X = [75, 70, 89, 65, 95, 82, 62, 77, 90, 58]
Y = [58, 75, 80, 70, 66, 63, 70, 76, 82, 65]


m = len(X)
n = len(Y)
meanX=np.average(X)
meanY=np.average(Y)
sX = np.std(X, ddof=1)      # Xの標本標準偏差
sY = np.std(Y, ddof=1)      # Yの標本標準偏差
sratio = (sX**2)/(sY**2)
ppt1 = f.ppf(0.025, m-1, n-1)
ppt2 = 1/f.ppf(0.025, n-1, m-1)
print('meanX=', meanX, 'meanY=', meanY, 'sX=', sX.round(4), 'sY=', sY.round(4))
print('f_0.025', ppt1.round(4), 'f_0.925=', ppt2.round(4))
print('[', (ppt1*sratio).round(4), ',', (ppt2*sratio).round(4), ']')
# 出力結果は
# meanX= 76.3 meanY= 70.5 sX= 12.6495 sY= 7.7208
# f_0.025 0.2484 f_0.925= 4.026
# [ 0.6667 , 10.8068 ]
```

5.3.5　母比率の区間推定

　今までとは少し異なる推定として、母集団の中である事象が起こる確率（母比率）をサンプルから推定する方法を紹介します。たとえば、ある番組の視聴率、内閣の支持率、製品の不良率など、いろいろな場面で必要となります。

　推定は、二項分布の枠組みを使います。二項分布は、コインの表・裏や成功・失敗など 1 回の試行で二者択一の結果が確率 p で生じるベルヌーイ試行を n 回行うとき、表や成功の回数 X が従う確率分布 $B(n, p)$ でした。番組を視聴する・しないをベルヌーイ試行とし、p を母比率に対応させます。二項分布では、期待値 $E(X) = np$、分散 $V(X) = np(p - 1)$ となります。

　中心極限定理によって、n がある程度大きいときは、$B(n, p)$ は正規分布 $N(np, np(1 - p))$ に近似できます。この正規分布を標準化するために

$$Z = \frac{X - np}{\sqrt{np(1 - p)}}$$

第 5 章　推測統計（2）〜サンプリングと推定

とすると、Z は $N(0,1)$ に従います。

標本比率を $\hat{p} = \frac{X}{n}$ と書くことにします。これは、表の回数・成功した回数を全体の試行回数で割ったものです。これを用いて Z を $\hat{p}$ に置き換えると

$$Z = \frac{\hat{p} - p}{\sqrt{\frac{p(1-p)}{n}}}$$

となります。この統計量 Z が標準正規分布に従うことを用いて、Z の信頼区間を計算します。信頼係数 $(1-\alpha)$ に対して

$$-Z_{1-\alpha} \;\leqq\; \frac{\hat{p} - p}{\sqrt{\frac{p(1-p)}{n}}} \;\leqq\; Z_{1-\alpha}$$

を p について解くと

$$\hat{p} - \left(Z_{1-\alpha} \cdot \sqrt{\frac{p(1-p)}{n}}\right) \;\leqq\; p \;\leqq\; \hat{p} + \left(Z_{1-\alpha} \cdot \sqrt{\frac{p(1-p)}{n}}\right)$$

となります。しかし、ここで得られた上下限には p が含まれていてそのままでは計算できないので、計算のために全体の p をサンプルから得られた $\hat{p}$ で近似します。その結果、信頼区間は

$$\left[\hat{p} - \left(Z_{1-\alpha} \cdot \sqrt{\frac{\hat{p}(1-\hat{p})}{n}}\right), \quad \hat{p} + \left(Z_{1-\alpha} \cdot \sqrt{\frac{\hat{p}(1-\hat{p})}{n}}\right)\right]$$

で計算できます。

数値例 5-13　母比率の区間推定（製品の不良率の区間推定）

数値の例として、サンプルから製品の不良率を区間推定してみます。ランダムに採った 100 個のサンプルの中に不良品が 3 個見つかったとき、全体の不良率を信頼係数 $(1-\alpha) = 0.95$ で区間推定すると、次のようになります。$\hat{p} = 0.03$、$Z_{0.025} = 1.96$（両側）なので

5.3 平均・分散・その他の統計指標の区間推定

$$Z_{1-\alpha} \cdot \sqrt{\frac{\hat{p}(1-\hat{p})}{n}}$$

$$= Z_{0.025} \cdot \sqrt{(0.03 \cdot 0.97)/100}$$

$$= 1.96 \cdot 0.017 = 0.033$$

したがって、信頼区間は

$$[0.03 - 0.033, 0.03 + 0.033]$$

$$= [-0.003, 0.063]$$

つまり、製品の不良率は信頼係数 95% で区間推定すると 6.3% まであり得るという結論になりました。また、信頼係数を 90% まで下げると、[0.002, 0.058] になります。

ここで面白いのは、サンプル数 n は推定に影響しますが、全体に対するサンプルの比率は推定に含まれていないことです。全数に対するサンプルの比率が大きければより確実、と思うのですが、そうではないということです。ただし、二項分布が正規分布に近似できるほどの大きさは必要です。

数値例 5-13 を Python で計算するプログラムは、**リスト 5-15** のようになります。

■ リスト 5-15　母比率の区間推定

```
# -*- coding: utf-8 -*-
# 母比率の区間推定・製品の不良率の例
import numpy as np
from scipy.stats import norm    # 正規分布
import math

n = 100
defective = 3
phat = defective/n    # 100個中3個の不良
# alphaが0.025のとき
alpha = 0.025
Z = -norm.ppf(alpha)
confidence_coef = Z * math.sqrt((phat*(1-phat))/n)
print('信頼係数=', confidence_coef.round(4))
print('[', (phat-confidence_coef).round(4), ',', (phat+confidence_coef).round(4), \
    ']')
# alphaが0.05のとき
```

131

第 5 章　推測統計（2）〜サンプリングと推定

```
alpha = 0.05
Z = -norm.ppf(alpha)
confidence_coef = Z * math.sqrt((phat*(1-phat))/n)
print('信頼係数=', confidence_coef.round(4))
print('[', (phat-confidence_coef).round(4), ',', (phat+confidence_coef).round(4), \
    ']')
# 出力結果は
# alphaが0.025のとき
# 信頼係数= 0.0334
# [ -0.0034 , 0.0634 ]
# alphaが0.05のとき
# 信頼係数= 0.0281
# [ 0.0019 , 0.0581 ]
```

数値例 5-14　母比率の区間推定（選挙のサンプル調査）

同じ議論の例として、選挙で立候補者 3 名のうち 1 人だけを選出する場合を考えます。出口調査で 1,000 人のサンプル調査をしたところ、A 候補に投票したと答えた人が 37% であったとします。全体での A 候補に投票した人の割合を信頼係数 $(1 - \alpha) = 0.95$ で区間推定すると

$$Z_{1-\alpha} \cdot \sqrt{\frac{\hat{p}(1 - \hat{p})}{n}}$$
$$= Z_{0.025} \cdot \sqrt{(0.37 \cdot 0.62)/1000}$$
$$= 1.96 \cdot 0.015 = 0.030$$

で、信頼区間は $[0.37 - 0.03,\ 0.37 + 0.03] = [0.34,\ 0.40]$ となります。つまり信頼係数 95% で推定して少なくとも 34% の人が A 候補に投票したと推定されるので、A 候補は全体の 1/3 以上の得票となって当選するものと推定されることになります*。

――――――――――――――――――――――――――――――――――――

＊実際の選挙でマスメディアが伝える「当選確実」はずっと多数の要因を複雑に合わせて出すとのことで、ここの議論はあくまで初歩の統計を応用してみたということです。

数値例 5-14 を Python で計算するプログラムは、**リスト 5-16** のようになります。

5.3 平均・分散・その他の統計指標の区間推定

■ リスト 5-16 母比率の区間推定

```
# -*- coding: utf-8 -*-
# 母比率の区間推定・選挙
import numpy as np
from scipy.stats import norm    # 正規分布
import math

n = 1000        # 1000人のサンプル
phat = 0.37     # 35%がAに投票
alpha = 0.025
Z = -norm.ppf(alpha)
confidence_coef = Z * math.sqrt((phat*(1-phat))/n)
print('信頼係数=', confidence_coef.round(4))
print('[', (phat-confidence_coef).round(4), ',', (phat+confidence_coef).round(4), \
    ']')
# 出力結果は
# 信頼係数= 0.0299
# [ 0.3401 , 0.3999 ]
```

133

第6章

推測統計（3）
〜統計的仮説検定

本章では、仮説検定と呼ばれる手法を概観します。仮説検定は、統計的な仮説を立てたときに、仮説からのずれが誤差として許容できる範囲内であるか、それ以上のずれがあって意味がある（有意）もので仮説が成り立たないと言えるか、標本に基づいて検証することです。本章では母集団が正規分布である場合について、さまざまな統計量の検定方法を見ていきます。

仮説検定は、元となる計算部分は区間推定と同じものが使われます。実際の応用場面では区間推定より仮説検定（いわゆる p 値）がよく使われています。その考え方をよく理解した上で、データの分析結果が有意性を満たすかどうか判断する必要があります。

第6章 推測統計（3）～統計的仮説検定

6.1 仮説と検定

仮説検定とは、まず統計的な仮説を立て、その仮説からのずれが誤差として許容できる範囲内であるか、それ以上のずれがあって意味がある（有意な）ものか、サンプルに基づいて検証することです。

例としてコイン投げを考えます。コイン投げは表が出るか裏が出るかのベルヌーイ試行で、コインに細工がなければ $1/2$ の確率で表と裏が出ると考えられます。そこで、コインに細工がない、つまり表の出る確率 $p = 1/2$ とする仮説を立てます。この仮説が正しいかどうかを、コインを 20 回投げてそのうち表が何回出るかを数えることにします。本来は無限回試行して平均を取ったものが表の出る確率 p になるわけですが、それを実際に試行できる有限回のサンプルの結果から、仮説 $p = 1/2$ が指定した水準で成り立つのかどうかを検定します。

このプロセスは二項分布で表され、20 回の試行のうち、たとえば表の出た回数が 14 回以上（14 回、15 回、…、20 回）である確率は

$$P(X \geqq 14) = 1 - 0.9423 = 0.0577$$

となります。つまり、もしプロセスが $p = 1/2$ のベルヌーイ試行であるとすると、サンプルで $X \geqq 14$ が出る確率が 0.0577 であり、$X \geqq 14$ が観測されたということは、かなりはずれた値である、つまり「はずれ」が有意である（何か裏に仕掛けがある）と見ることができます。仮説の面から見ると、「ベルヌーイ試行で $1/2$ の確率で表と裏が出る」という仮説が正しいとして計算した $X \geqq 14$ の確率が小さい、起こりそうにない、つまり仮説が誤っていたと判断される、つまり仮説が**棄却される**ことになります。

このとき、0.0577 がずれとして「めったにない」「起こるはずがない」「何か裏に仕掛けがある（**有意である**）」と考えるレベルのものであるか、そのぐらいは誤差として起こると考えるレベルかは、ユーザが決める基準になります。この有意かどうかを判定する基準の確率を、**有意水準**と呼びます。

もし、有意水準、つまり「この範囲は許せる」とする水準を 0.1 と設定すれば 0.0577 はそれを下回っているので、まれである、めったにないことであると判定され、$p = 1/2$ という仮説は**棄却**（reject）されます。つまり、$p = 1/2$ とは言えない、「コインに細工がない」とは言えない、という結論になります。もし、有意水準を 0.01、つまり 1%

136

までは「起こり得る」として許すことにすれば、0.0577 は十分に起こり得る（特別ではない、有意でない）と判断され、仮説は棄却できません（これを「採択（accept）された」ということがあります）。

　検定を考えるとき、**帰無仮説**とそれに対立する**対立仮説**を設定します。先ほどの例で最初に立てたという仮説 $p = 1/2$ を帰無仮説とすると、それに対立する仮説 $p \neq 1/2$ が対立仮説となります。帰無仮説は検定のプロセスで棄却されるか否か、起こりそうもないか起こりそうかを判別する対象となる仮説です。「帰無」という言葉に始めからダメという印象を持ってしまいがちですが、むしろその仮説が棄却できるかできないかの判定をする対象となる、という意味に解釈するのがよいでしょう。帰無仮説を H_0、対立仮説を H_1 と書きます。

　繰り返しますが、仮説検定のポイントは、帰無仮説を棄却して対立仮説が成り立つことを示してみることにあります。たとえば、上記のコイン投げの場合、自分の主張が「コインに細工がない（$p = 1/2$）であるとして、帰無仮説を「コインに細工がある（$p \neq 1/2$）とします。帰無仮説を仮定したときの二項分布の確率計算から、「20個の標本試行に対して 14 回以上の表が出る確率は 0.0577 である」ということが分かるので、有意水準 0.1 とすればこれより小さく、起こりそうにありません。つまり、標本で 14 回表が出たことにより、$p = 1/2$ という帰無仮説は棄却された、否定された、ということになります。

　このように、仮説を立て、サンプルを評価した結果、その仮説が（有意水準に比べて）起こりそうにないと判断された（棄却された）とき、その仮説が成り立たない、つまり対立仮説が成り立つことを示したことになります。これが統計的仮説検定のプロセスです。

　統計量が**図 6-1** のような確率分布に従うとき、両側のめったに起こらない範囲、つまり設定した値（有意水準）より確率の低い範囲を両側とも棄却とするか、それとも片側のみを棄却とするかという選択があります。両側に棄却範囲を持つ場合を**両側検定**、片側のみの場合を**片側検定**と呼びます。棄却する範囲はその領域の面積が有意水準となる部分なので、左右対称の分布での両側検定では上側と下側とに半分ずつの面積の領域を取ることになります。片側検定では上側か下側のいずれか一方だけになるので、その領域の面積が有意水準となるように取ります。いずれも、統計量の値が棄却域の中に入るとき、帰無仮説は棄却されます。

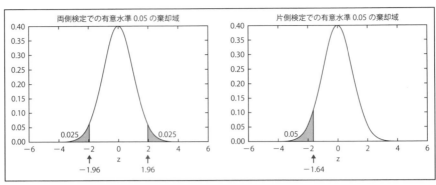

■ 図 6-1　棄却域

p 値

帰無仮説が正しいと仮定したときに、サンプルから計算した統計量の値より大きい確率（外側部分の面積）を、p 値と呼びます。つまり、統計量を（その従う分布が決まったという前提で）それ以上の値が起こる確率に変換したものと言えます。p 値が有意水準より小さければ、その帰無仮説は棄却されます。

たとえば、正規分布を用いた仮説検定（Z 検定とも呼ばれる。具体例は 6.2.1 項の平均値の検定で母分散 σ^2 が既知の場合の記述を参照）では、検定統計量 Z が標準正規分布 $N(0, 1)$ に従うとして検定します。このとき、仮説を棄却するしないの判定、つまりサンプルの平均 $\overline{X}$ から計算される Z の値が**図 6-2** の左側の図でハッチングの掛かっている ± 1.96（有意水準 $\alpha = 0.05$ の両側検定に対する臨界値）より外側の領域にあるかどうかを判定するわけですが、その代わりに、横軸 Z の指定した値（この例では 1.5）より外側にある面積、つまり Z 以上の値が起こる確率の値を、p 値として提示するという表現方法です。p 値が有意水準 $\alpha/2 = 0.025$ より小さければ棄却域内に入り、大きければ棄却域より内側に入っている状態になります。図の例では斜線の部分の面積が α より大きく、棄却できない状況を示しています。

仮説検定での誤りと検出力（検定力）

帰無仮説を立ててそれを採択・棄却する場合、実際の値（真実）との間には、実際は正しいのに誤りと判定（＝棄却）する（**第 1 種の誤り**）、実際は正しくないのに正しいと判定（＝採択）する（**第 2 種の誤り**）の 2 種類の間違いが起こるケースが考えられます。これを整理すると、**表 6-1** のようになります。

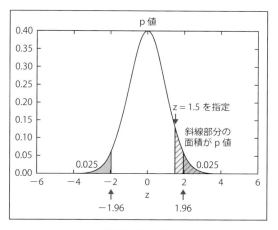

■ 図 6-2　p 値

	仮説 H_0 が真実として正しい	仮説 H_0 は正しくない
検定で H_0 を採択	（正しい判定）	（第 2 種の誤り）
検定で H_0 を棄却	（第 1 種の誤り）	（正しい判定）

■ 表 6-1　正しい判定、第 1 種の誤り、第 2 種の誤り

　第 1 種の誤りは、検定量の値がたまたま棄却域、有意水準 α より外側の値が出てしまった場合です。この誤りの起こる可能性は常に確率 α で存在し（これが α の定義、つまり棄却域に入れば α より小さい確率でしか起こらないが、起こらないとは言えない）、これを 0 にはできません。他方、第 2 種の誤りは、帰無仮説 H_0 が実際には成り立っていないにもかかわらず、たまたま統計量の値が棄却域に入らなかったために H_0 を棄却できなかったという場合です。統計量が棄却域に入らなかった確率を β と呼びますが、β は対立仮説の各値が正しい条件の下に棄却域に入らない確率に当たります。

　ここで、$(1 - \beta)$ を**検出力**（statistical power）と定義します。つまり、検出力は、「対立仮説 H_1 が正しいと仮定したとき、帰無仮説 H_0 が棄却される確率」を表します。正規分布を使った概念図を**図 6-3** に示しますが、$Z = 0$ を中心とし $\alpha = 0.05$ の両側検定の棄却域を灰色のハッチングで示してあります。もし本当の（対立仮説 H_1 で表す）分布が平均値 2.0 の $N(2.0, 1.0)$ であったとすると、図の右側の正規分布のうち、$\alpha/2$ に対応する臨界値 1.96 より左側に入る部分（図中斜線の部分）が「H_1 が正しいとき H_0 で棄却されない部分」β に当たります。この例では $\beta = 0.484$、検出

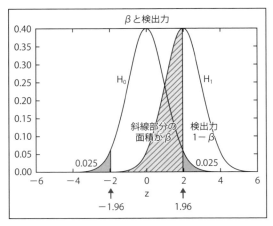

■ 図 6-3 β と検出力

力 $(1 - \beta) = 0.516$ になっています。

検出力は、想定される対立仮説 H_1 に対して、実験の規模（サンプル数）が十分かどうかを調べるために計算します。求めたい統計量によって判断基準がいろいろと提案されていますが、Z 検定や t 検定では慣例的に 0.8 程度としているようです。

6.2 正規母集団に関する仮説検定

母集団が正規分布であることが分かっているとき、その母平均や母分散に関する検定を考えます。帰無仮説を立てて、その下で起こり得る確率を計算し、その確率と有意水準との比較によって仮説が棄却されるか否かを判定しますが、その確率を第 5 章の区間推定と同様の手法で計算して求めます。なお、本章では母集団が正規分布 $N(\mu, \sigma^2)$ である場合を考えます。

6.2.1　正規母集団の平均に関する検定 〜 t 検定

母集団が正規分布であることが分かっている場合に、直接分かっていない母平均 μ が、比較する値 μ_0 と等しいかどうか、つまり

$$\text{帰無仮説 } H_0 : \mu = \mu_0 \qquad \text{対立仮説 } H_1 : \mu \neq \mu_0$$

6.2 正規母集団に関する仮説検定

を検定することを考えます。この μ に対する検定は、標本平均 $\overline{X}$ が μ_0 とどれだけ近いかを見ることで判定します。そのとき、5.3.1 項の区間推定の議論と同じように考えて、母分散 σ が既知の場合と未知の場合に分けて対応します。

母分散 σ^2 が既知の場合

母分散 σ が既知の場合、検定統計量として $\overline{X}$ の標準化変数

$$Z = \frac{\overline{X} - \mu}{\sigma\sqrt{n}}$$

を考えます。この Z は、帰無仮説 H_0 が正しければ、$\mu = \mu_1$ において標準正規分布 $N(0,1)$ に従います。両側検定とすると設定した有意水準 $\alpha/2$ になる Z、つまり

$$Z_{-\alpha/2} \leqq Z \leqq Z_{\alpha/2} \text{ の範囲では } H_0 \text{ は採択され}$$

$$\text{両側の } Z \leqq Z_{-\alpha/2} \text{ と } Z_{\alpha/2} \leqq Z \text{ では } H_0 \text{ は棄却される}$$

ということになります[*1]。正規分布は左右対称なので、α は両側に $\alpha/2$ ずつに分かれています。実際のパーセント点は、標準正規分布の積分確率を計算すれば求まりますし、標準正規分布表から求めることができます。

数値例 6-1 母平均の検定（母分散が既知の場合）

次のような例を考えてみます。工場で今まで作ってきた製品の長さの平均値が $\mu = 9.5$、分散が $\sigma^2 = 0.30$ であったとします。今日作った製品から本を 7 個採ったところ、長さが下記の表であったとしましょう。

サンプル番号	1	2	3	4	5	6	7
サンプルの長さ	9.3	10.1	9.9	10.6	9.6	10.8	10.3

帰無仮説 H_0 を、平均長が変わっていない、つまり $\mu = 9.5$ とします。サンプルの平均を求めると $\overline{X} = 10.085$ となっています。したがって

[*1] このような正規分布による検定を、他の t 分布や χ^2 分布を用いた検定を t 検定、χ^2 検定に合わせて、Z 検定と呼ぶことがあります。

第 6 章　推測統計（3）〜統計的仮説検定

$$Z = \frac{\overline{X} - \mu}{\sigma/\sqrt{n}} = \frac{10.086 - 9.5}{\sqrt{0.30}/\sqrt{7}} = \frac{0.586}{0.207} = 2.829$$

有意水準 $\alpha = 0.05$ で両側検定するとして、標準正規分布の $Z_{0.025}$ は正規分布表から 1.96 なのでこれと比べます。

$$Z = 2.829 > Z_{0.025} = 1.96$$

有意水準 5%・両側検定の臨界値 $Z_{0.025} = 1.96$ と比較して、$Z = 2.829$ の方が大きいので、Z は棄却域（外側）になります。したがって、帰無仮説「平均長は $\mu = 9.5$ で変わっていない」は棄却され、今日の製品は今までの平均長とは同じでないと言えることになります。

同じことを p 値で見ると、$Z = 2.83$ に当たるパーセント点すなわち p 値は標準正規分布から 0.0023 であるから

$$p = 0.0023 < 0.025 = \alpha/2$$

なので、帰無仮説 H_0 を棄却することになります。

数値例 6-1 のような正規分布を用いた検定を Python で計算するには、数値例で計算した手順のとおりにプログラムに置き直して計算します。また、p 値は $-\infty < x < -Z$ の下側部分の累積確率

$$\int_{-\infty}^{-Z} N(x)dx$$

は norm.cdf(-Z) を片側分としてその 2 倍（両側）で計算できます。

■ リスト 6-1　母分散が既知の場合の母平均の検定

```
# 母分散が既知の場合の母平均の検定 Z検定
import math
import numpy as np
from scipy.stats import norm

x = [9.3, 10.1, 9.9, 10.6, 9.6, 10.8, 10.3]  # サンプル
mu = 9.5   # 母平均
```

```
sigma = math.sqrt(0.3)    # 母集団の標準偏差（既知の分散の平方根）

n = len(x)                # 標本数
xmean = np.mean(x)        # 標本平均
Z = (xmean-mu)/(sigma/math.sqrt(n))
                          # Zの定義に従って計算

Z_lower = norm.ppf(0.025)    # 正規分布の2.5%点
Z_upper = norm.ppf(0.975)    # 分布は左右対称なのでZ_upper=-Z_lowerとしてもよい
print('Z=', Z.round(4), 'reject=', (Z<Z_lower)or(Z_upper<Z))
                          # Z値と、棄却すべきか（外側か）を出力

# Zに対するp値を計算するには
p = norm.cdf( -np.abs(Z) ) * 2    # p値は、標準正規分布でZ(負)<xの累積確率の2倍(両側にする)
print('p値=', p.round(4))
# 出力は
# Z= 2.8293 reject= True
# p値= 0.0047
```

　計算の結果は、Z が 2.8293 で、$Z > Z_{0.025} = 1.96$ なので帰無仮説 H_0 を棄却すべきであるという判断を得ています。p 値で見ると、$p = 0.0047$ が得られているので $p < 0.05 (= \alpha)$ で棄却ということになります。

母分散 σ^2 が未知の場合

　母分散 σ^2 が未知のときは、区間推定のときと同様に、母分散 σ^2 の代わりに標本分散 s^2 で置き換えた、スチューデントの t 分布を用います。

$$ t = \frac{\overline{X} - \mu}{s\sqrt{n}} $$

帰無仮説が正しければ $\mu = \mu_0$ のときには t は自由度 $(n-1)$ の t 分布に従うので

$$ -t_{\alpha/2}(n-1) \leqq t \leqq t_{\alpha/2}(n-1) \ \text{では} \ H_0 \ \text{は採択され、} $$

$$ t \leqq -t_{\alpha/2}(n-1) \ \text{と} \ t_{\alpha/2}(n-1) \leqq t \ \text{では} \ H_0 \ \text{は棄却される。} $$

ということになります。このような検定をスチューデントの t 検定と呼びます。

第6章　推測統計（3）〜統計的仮説検定

数値例 6-2　母平均の検定（母分散が未知の場合）

数値例 6-1 と同じデータを用います。帰無仮説 H_0 を、平均長が変わっていない、つまり $\mu = 9.5$ とします。標本平均は $\overline{X} = 10.086$、不偏分散は $s^2 = 0.2848$ となっています。したがって

$$t = \frac{\overline{X} - \mu}{s\sqrt{n}} = \frac{10.086 - 9.5}{\sqrt{0.2848}/\sqrt{7}} = \frac{0.5857}{0.2017} = 2.904$$

となります。

有意水準 $\alpha = 0.05$、両側検定とすると、t 分布表から $t_{0.025}(7-1) = 2.447$ が得られるので、これと比べます。

$$t = 2.904 > t_{0.025}(6) = 2.447$$

有意水準 5%・自由度 6・両側検定の臨界値 $t_{0.025}(6) = 2.447$ と比較して、$t = 2.904$ の方が大きいので、t は棄却域（外側）になります。したがって、帰無仮説「平均長は $\mu = 9.5$ で変わっていない」は棄却され、今日の製品は今までの平均長とは同じでないと言えることになります。

同じことを p 値で見ると、$t = 2.90$ に当たる片側パーセント点は t 分布表から 0.015 なので両側を取ると

$$p = 2 \times 0.015 = 0.03 < 0.05 = \alpha$$

なので、帰無仮説 H_0 を棄却することになります。

数値例 6-2 のような t 分布を用いた検定は、正規分布を用いた**リスト 6-1** と同じ形のまま t 分布に置き直して計算することができます。t 分布では引数に自由度を追加します。これを**リスト 6-2** に示します。

■ リスト 6-2　母分散が未知の場合の母平均の検定（1）

```
# -*- coding: utf-8 -*-
# 母分散未知の場合の母平均の検定　t検定
import math
import numpy as np
from scipy.stats import t
```

6.2 正規母集団に関する仮説検定

```python
x = [9.3, 10.1, 9.9, 10.6, 9.6, 10.8, 10.3]
mu = 9.5
sigma = math.sqrt(0.3)

n = len(x)          # サンプルの個数
xmean = np.mean(x)      # サンプルの平均
s = np.std(x, ddof=1)   # サンプルの不偏標準偏差 自由度(n-1)
tt = (xmean-mu)/(s/math.sqrt(n))

t_lower = t.ppf(0.025, n-1)   # 自由度n-1での2.5%のパーセント点
t_upper = t.ppf(0.975, n-1)   # 自由度n-1での97.5%のパーセント点
print('t=', tt.round(4), 'reject=', (tt<t_lower)or(t_upper<tt))

# ttに対するp値を計算するには
p = t.cdf( -np.abs(tt), n-1) * 2
print('p値=', p.round(4))

# 出力結果は
# t= 2.904 reject= True
# p値= 0.0272
```

また、t 検定はよく使われるので、`scipy.stats` にはサンプルデータを与えれば p 値を返す関数 `ttest_1samp()` が用意されています[*2]。同じ数値例 6-2 に対するプログラム例を、**リスト6-3** に示します。この関数 `ttest_1samp` は2つの結果、`statistics` と `pvalue` を返しますが[*3]、`statistics` は理論の中で計算した統計量 t のことです。

■ リスト 6-3　母分散が未知の場合の母平均の検定（2）

```python
# -*- coding: utf-8 -*-
# 母分散未知の場合の母平均の検定 t検定2
# scipy.stats.ttest_1sampを使ったプログラム例
# ttest_1sampではサンプルデータを与えるだけでt検定の結果を出してくれる
import math
import numpy as np
from scipy.stats import ttest_1samp

x = [9.3, 10.1, 9.9, 10.6, 9.6, 10.8, 10.3]
mu = 9.5     # 母平均
```

[*2]　`scipy.stats` には、t 分布の確率密度、累積分布、分布に従う乱数発生など一連の関数を含む t クラスの他に、いくつかの t 検定を行う関数が用意されています。すなわち、ここで紹介する単純な1サンプルの t 検定 `ttest_1samp` や、2つの無関係なサンプルの平均値が等しいことを t 検定する `ttest_ind`、さらに関係のある2つのデータのサンプルについての平均値が等しいことを t 検定する `ttest_rel` があります。これらを混同しないように使い分けてください。

[*3]　scipy のマニュアルの stats.ttest_ttest_1samp の項 https://docs.scipy.org/doc/scipy/reference/generated/scipy.stats.ttest_1samp.html を参照してください。

145

第6章 推測統計（3）～統計的仮説検定

```
statistics, pvalue = ttest_1samp(x, mu)
print('t=', statistics.round(4), 'p値=', pvalue.round(4))
# 出力結果は
# t= 2.904 p値= 0.0272
```

6.2.2 正規母集団の分散の χ^2 検定

正規母集団に対する母分散 σ^2 の検定は、5.2.4 項の母分散の推定、5.3.2 項の母分散の区間推定の議論と同様に、χ^2 分布を使います。母分散が等しいことを帰無仮説 $H_0 : \sigma^2 = {\sigma_0}^2$ とし、対立仮説を $H_1 : \sigma^2 \neq {\sigma_0}^2$ として検定しますが、統計量

$$\chi^2 = (n-1)s^2/{\sigma_0}^2$$

が帰無仮説の下で自由度 $n-1$ の χ^2 分布に従うので、両側検定をする場合

$$\chi^2_{1-\alpha/2}(n-1) \leqq \chi^2 \leqq \chi^2_{\alpha/2}(n-1)$$

では H_0 は採択となり、この範囲の外側

$$\chi^2 < \chi^2_{1-\alpha/2}(n-1) \quad と \quad \chi^2_{\alpha/2}(n-1) < \chi^2$$

では H_0 は棄却となります。

帰無仮説が $H_0 : \sigma^2 = {\sigma_0}^2$ であり対立仮説が $H_1 : \sigma^2 > {\sigma_0}^2$ のときは右片側検定となり、$\chi^2 > \chi^2_{1-\alpha}(n-1)$ となったら棄却、そうでなければ棄却しないことになります。同様に、帰無仮説が $H_0 : \sigma^2 = {\sigma_0}^2$ であり対立仮説が $H_1 : \sigma^2 < {\sigma_0}^2$ のときは左片側検定になり、$\chi^2 < \chi^2_{1-\alpha}(n-1)$ となったら棄却、そうでなければ棄却しないことになります。

この検定を、母分散についての χ^2 検定と呼びます。数値例 6-1 について分母数の χ^2 検定をしてみます。

数値例 6-3 母分散の検定

数値例 6-1 と同じデータを用います。すなわち、工場で今まで作ってきた製品の長さの平均値が $\mu = 9.5$、分散が $\sigma^2 = 0.30$ であったとします。今日作った製品からサンプルを 7 つ採ったところ数値例 6-1 の表のようであり、標本平均は $\overline{X} = 10.09$、不偏分散は $s^2 = 0.2848$ でした。帰無仮説 H_0 を分散が変わって

146

いない、つまり $\sigma^2 = 0.30$ であるとします。これに対して有意水準 $\alpha = 0.05$ で両側検定すると、次のようになります。

まず、χ^2 を計算すると、$\chi^2 = (n-1)s^2/\sigma_0{}^2 = 6 \cdot 0.285/0.3 = 5.7$ となります。他方、χ^2 分布表より $\chi^2_{1-\alpha/2}(n-1) = \chi^2_{0.975}(6)$ は 1.24、$\chi^2_{0.025}(6) = 14.45$ なので、$\chi^2 = 5.7$ に対して

$$14.45 \;\leqq\; \chi^2 \;\leqq\; 1.24$$

は成り立つので、帰無仮説 H_0 は棄却されません。したがって結論は「分散が変わっているとは言えない」となります。

なお、χ^2 分布は距離の二乗を対象にしているので、分布は正の区間のみの非対称な形になっています。この例の場合は両側区間の検定を考えていますが、いわゆる p 値、つまり確率分布の上で検定統計量が起こる点より外側の累積確率は、両側では考えにくい形になります。つまり、正規分布や t 分布のように 0 を中心とした左右対称の分布であれば、ある p の値について $-p$ より下側の累積確率と p より上側の累積確率を合わせたものを「はずれ」とすることができますが、非対称・正区間のみの χ^2 分布では同じ p から $-p$ を考えることができません。正の側の片側検定であれば、$\chi^2 = 5.7$ に対する χ^2 分布の上側の累積確率を求めて、右側片側検定の p 値とすることができます。

$$片側検定の\ p\ 値 = \int_{5.7}^{\infty} \chi^2(x, n-1)dx = 0.46$$

同じ計算を、Python を用いて行ってみます (**リスト 6-4**)。

■ リスト 6-4　母分散の χ^2 検定

```
# -*- coding: utf-8 -*-
# 正規母分散の検定 カイ二乗検定1
import math
import numpy as np
from scipy.stats import chi2

x = [9.3, 10.1, 9.9, 10.6, 9.6, 10.8, 10.3]
n = len(x)      # サンプルの個数
xmean = np.mean(x)     # サンプルの平均
s = np.std(x, ddof=1)  # サンプルの不偏標準偏差 自由度(n-1)
```

第6章　推測統計（3）〜統計的仮説検定

```
sigma2 = 0.3
chi2x = (n-1)*(s**2)/sigma2
chi2_lower = chi2.ppf(0.025, n-1)   # 自由度n-1での0.025に対するパーセント点
chi2_upper = chi2.ppf(0.975, n-1)   # 自由度n-1での0.975に対するパーセント点
print('chi2=', chi2x.round(4), 'reject=', (chi2x<chi2_lower) or (chi2_upper<chi2x))
# chi2に対する右側片側検定でのp値を計算するには
p = 1 - chi2.cdf( chi2x, n-1)
print(' (参考：右側片側検定をしたときのp値=', p.round(4), ') ')
# 出力結果は
# chi2= 5.6952 reject= False
#  (参考：右側片側検定をしたときのp値= 0.4582 )
```

　なお、scipy.tstats にはサンプルデータを与えると検定結果を返すなどのカイ
二乗検定を行う関数が用意されていますが、それぞれ具体的な用途に特化して入力サ
ンプルデータを処理するので、利用は限定されます。ここの数値例にある正規母集団
の分散の検定に直接使うことはできないようです。

6.2.3　2つの正規母集団の平均の差 〜 2標本検定

　母平均の差についての検定は、実用上重要です。2つの正規母集団 $N(\mu_1, \sigma_1{}^2)$、
$N(\mu_2, \sigma_2{}^2)$ からそれぞれ m 個、n 個の標本を採るとします。帰無仮説・対立仮説は、
両側検定として

$$H_0 : \mu_1 = \mu_2 \qquad H_1 : \mu_1 \neq \mu_2$$

つまりそれぞれの平均 μ_1 と mu_2 が等しいか否かを仮説とします。検定は、推定の
ときと同じように、2つの分散が等しい場合と、等しくない場合で異なる扱い方をし
ます。母分散が等しいかどうかは、前節で述べた分散の等質性の検定で判断ができ
ます。

母分散が等しい場合

　2つの分散が等しい（$\sigma_1^2 = \sigma_2^2 = \sigma^2$）場合、推定のときと同じ手順で、合併分散

$$s^2 = \frac{\sum_i (X_i - \overline{X})^2 + \sum_j (Y_j - \overline{Y})^2}{m + n - 2}$$
$$= \frac{(m-1)s_1{}^2 + (n-1)s_2{}^2}{m + n - 2}$$

を用いると、帰無仮説 H_0 の下では、2標本 t 統計量

148

$$t = \frac{(\overline{X} - \overline{Y})}{s \cdot \sqrt{\frac{1}{m} + \frac{1}{n}}}$$

が自由度 $m + n - 1$ の t 分布に従うことになります。これによって、両側検定であれば

$$-t_{\alpha/2}(m+n-2) \leqq t \leqq t_{\alpha/2}(m+n-2)$$

で $H_0 : \mu_1 = \mu_2$ は採択となり、この範囲の外側

$$t < -t_{\alpha/2}(m+n-2) \qquad \text{および} \qquad t_{\alpha/2}(m+n-2) < t$$

で H_0 は棄却となります。

数値例 6-4 母平均の差の検定（母分散が未知だが等しいことが分かっている場合）

5.3.3 項の数値例 5-9 を用いて検定の計算をします。学生に対する授業前・授業後の成績分布に対して、前後の平均が変わっていないという帰無仮説[*]$H_0 : \mu_Y = \mu_X$、対立仮説 $H_1 : \mu_Y \neq \mu_X$ を立てて両側検定とし、これが有意水準 $\alpha = 0.05$ で棄却されるかどうかを考えます。ただし、前後の分散は変わっていない、つまり $\sigma_X{}^2 = \sigma_Y{}^2 = \sigma^2$ と仮定します。

成績データから、$\overline{X} = 76.3$、$\overline{Y} = 70.5$、$s_X{}^2 = 160.1$、$s_Y{}^2 = 59.6$、$m = n = 10$ なので

$$s^2 = \frac{(m-1)s_X{}^2 + (n-1)s_Y{}^2}{m+n-2} = \frac{9 \cdot 160.1 + 9 \cdot 59.6}{18} = 110.0$$

$$t = \frac{(\overline{X} - \overline{Y})}{s \cdot \sqrt{\frac{1}{m} + \frac{1}{n}}} = \frac{5.8}{10.49 \cdot 0.45} = 1.24$$

他方、$t_{0.025}(18) = -2.101$ であるので、$t_{0.025}(18) \leqq t \leqq t_{0.975}(18)$ が成り立ち、H_0 は棄却されません。つまり、授業前・授業後の母平均成績は変わっていないとは言えない、ということになります。

また、対立仮説を $H_1 : \mu_Y < \mu_X$ として右方片側検定を行うと、$t_{0.95}(18) = 1.734$ であるので、$t_{0.95}(18) < t$ となりやはり臨界値より内側であり、帰無仮説

第6章　推測統計（3）〜統計的仮説検定

$\mu_Y = \mu_X$ は棄却されません。

---

*前後の平均も分散も変わっていないことを前提とします。分散が変わっていないことは帰無仮説の一部
ではないので、別途確かめてあるという前提です。

数値例 6-4 の検定を Python で行ってみます。合併分散 s^2 を計算し、それを自由
度 18 の t 分布上で検定します。**リスト 6-5** に示します。

■ リスト 6-5　母平均の差の検定（母分散が未知だが等しいことが分かっている場合）

```python
# -*- coding: utf-8 -*-
# 母平均の差の検定 t検定
import math
import numpy as np
from scipy.stats import t

X = [75, 70, 89, 65, 95, 82, 62, 77, 90, 58]
Y = [58, 75, 80, 70, 66, 63, 70, 76, 82, 65]

m = len(X)
n = len(Y)
meanX=np.average(X)
meanY=np.average(Y)
sX = np.std(X, ddof=1)        # Xの標本標準偏差
sY = np.std(Y, ddof=1)        # Yの標本標準偏差

s2 = ((m-1)*(sX**2)+(n-1)*(sY**2))/(m+n-2)
tt = (meanX-meanY)/(math.sqrt(s2 * (1/m+1/n)))
t_lower = t.ppf(0.025, m+n-2)  # 自由度m+n-2のt分布の%値
t_upper = t.ppf(0.975, m+n-2)  # 自由度m+n-2のt分布の%値
print('t=', tt.round(4), 'reject=', (tt<t_lower)or(t_upper<tt))

# tに対するp値を計算するには
p = t.cdf( -np.abs(tt), m+n-2) * 2
print('p値=', p.round(4))

# 片側検定（alpha=0.05）の場合は
t_95 = t.ppf(0.95, m+n-2)
print('右側片側検定0.05', 't=', tt.round(4), 'reject=', t_95<tt)
# 出力結果は
# t= 1.2376 reject= False
# p値= 0.2318
# 右側片側検定0.05 t= 1.2376 reject= False
```

母分散が未知で等しいと限らない場合

母分散が未知で等しいと限らない場合についても、推定のときと同様に、ウェルチ

6.2 正規母集団に関する仮説検定

の近似法を用いて、母分散 $\sigma_1{}^2, \sigma_2{}^2$ の代わりに標本分散 $s_1{}^2, s_2{}^2$ を使った統計量

$$t = \frac{(\overline{X} - \overline{Y}) - (\mu_1 - \mu_2)}{\sqrt{\frac{s_1{}^2}{m} + \frac{s_2{}^2}{n}}}$$

が近似的に、自由度が

$$\nu = \frac{\left(\frac{s_1{}^2}{m} + \frac{s_2{}^2}{n}\right)^2}{\frac{(s_1{}^2/m)^2}{m-1} + \frac{(s_2{}^2/n)^2}{n-1}}$$

に最も近い整数 ν^* の t 分布に従うことを用います。t の値を計算してそれが

$$-t_{\alpha/2}(\nu^*) \;\leqq\; t \leqq\; t_{\alpha/2}(\nu^*)$$

の範囲内であれば帰無仮説 $H_0 : \mu_1 = \mu_2$ は採択となり、この外側

$$t \;<\; -t_{\alpha/2}(\nu^*) \qquad および \qquad t_{\alpha/2}(\nu^*) \;<\; t$$

であれば H_0 は棄却となります。この検定を**ウェルチの検定**と呼びます。

数値例 6-5　母平均の差の検定（母分散が未知で等しいと限らない場合）

前述の数値例 6-4 と同じデータを用い、前後の平均が変わっていないという帰無
仮説[*]$H_0 : \mu_Y = \mu_X$、対立仮説 $H_1 : \mu_Y \neq \mu_X$ を立てて両側検定とし、これが
有意水準 $\alpha = 0.05$ で棄却されるかどうかを考えます。ただし、前後の分散は等
しいと限らないと仮定して検定してみます。この場合は、ν の値は 5.3.3 項と同
じなので $\nu = 14.66$、$\nu^* = 15$、さらに $t_{\alpha/2}(\nu^*) = t_{0.025}(15) = 2.13$ をそのま
ま使います。

t の値は、$\overline{X} = 76.3$、$\overline{Y} = 70.5$、$\mu_1 = \mu_2$、$s_X{}^2 = 160.1$、$s_Y{}^2 = 59.6$、
$m = n = 10$ から

$$t = \frac{76.3 - 70.5}{\sqrt{59.6/10 + 160.1/10}} = 5.8/4.69 = 1.24$$

したがって

第 6 章　推測統計（3）〜統計的仮説検定

$$-t_{0.025}(15) = -2.13 \leqq t = 1.24 \leqq t_{0.025}(15) = 2.13$$

なので、帰無仮説 $H_0 : \mu_1 = \mu_2$ は棄却されず、「平均値が変わっていないとは言えない」という結論になります。

――――――――――――――――――――――――――――――
＊前後の平均は変わっていないが、前後の分散は変わっていることを前提とします。

　同様に、**数値例 6-5** の検定を Python で行ってみます。検定統計量 t を計算し、他方で ν を求めて、自由度 ν^* の t 分布に対して $\alpha = 0.05$ で両側検定します。プログラムを**リスト 6-6** に示します。

■ リスト 6-6　母平均の差の検定（母分散が未知で等しいと限らない場合）

```python
# -*- coding: utf-8 -*-
# 母平均の差の検定（母分散未知の場合）　ウェルチの近似・t検定
import math
import numpy as np
from scipy.stats import t

X = [75, 70, 89, 65, 95, 82, 62, 77, 90, 58]
Y = [58, 75, 80, 70, 66, 63, 70, 76, 82, 65]

m = len(X)
n = len(Y)
meanX=np.average(X)
meanY=np.average(Y)
sX = np.std(X, ddof=1)        # Xの標本標準偏差
sY = np.std(Y, ddof=1)        # Yの標本標準偏差
# nuの計算
nu = (((sX**2)/m+(sY**2)/n)**2) / (((((sX**2)/m)**2)/(m-1)) + \
                                   (((((sY**2)/n)**2)/(n-1)))
nuasta = round(nu)
tt = (meanX-meanY)/math.sqrt((sX**2)/m + (sY**2)/n)
t_lower = t.ppf(0.025, nuasta)  # 自由度nu*のt分布の%値
t_upper = t.ppf(0.975, nuasta)  # 自由度nu*のt分布の%値
print('t=', tt.round(4), 'reject=', (tt<t_lower)or(t_upper<tt))

# tに対するp値を計算するには
p = t.cdf( -np.abs(tt), nuasta) * 2
print('p値=', p.round(4))
# 出力結果は
# t= 1.2376 reject= False
# p値= 0.2349
```

152

平均値の差・効果量

2つのグループに差があるか、という問題に対して平均の差の有意性の検定結果、つまり p 値で答えたいと思うわけですが、実は p 値はサンプルの大きさに依存して変わる、サンプル数が多いと p 値が小さくなるという性質があります。実際に試してみましょう。

```python
# -*- coding: utf-8 -*-
# 平均値の差の検定
import numpy as np
from numpy.random import randn
from scipy.stats import t    # t分布
import math
N = 10000        # サンプル数、10, 100, 1000, 10000で試す
for c in range(10): # 10回試す
    X = randn(N);  m = len(X)
    Y = randn(N)-0.1;  n = len(Y)   # Yの平均値を-0.1ずらす
    meanX=np.average(X)      # Xの平均値
    meanY=np.average(Y)      # Yの平均値
    sX = np.std(X, ddof=1)     # Xの標本標準偏差
    sY = np.std(Y, ddof=1)     # Yの標本標準偏差
    s2 = ((m-1)*(sX**2)+(n-1)*(sY**2))/(m+n-2)
    tt = (meanX-meanY)/(math.sqrt(s2 * (1/m+1/n)))
    t_lower = t.ppf(0.025, m+n-2)   # 自由度m+n-2のt分布の%値
    t_upper = t.ppf(0.975, m+n-2)   # 自由度m+n-2のt分布の%値
    print('t=', tt.round(4), 'reject=', (tt<t_lower)or(t_upper<tt))
    p = t.cdf( -np.abs(tt), m+n-2) * 2   # tに対するp値を計算
    print('p値=', p.round(4))
```

乱数を用いてサンプルを発生させているので毎回違う結果になり、ここでは同じサンプル数 N に対して 10 回試しています。N を増やすにつれて p 値が小さくなり、10,000 になると p 値は 10 回の試行すべてで非常に小さくなり有意差ありという結論になりました。また、ここには掲げませんがサンプル X と Y のずれを小さくすると、同じ N に対して p 値はより大きく（X と Y の差を判別しにくく）なります。

第6章　推測統計（3）〜統計的仮説検定

$N=10$	$N=100$	$N=1000$	$N=10000$
0.1753	0.3501	0.1686	$3.5906\mathrm{e}-14$
0.0761	0.1219	0.0013	$1.3615\mathrm{e}-09$
0.4689	0.2819	0.1752	$5.5513\mathrm{e}-11$
0.5752	0.1599	0.0017	$6.1048\mathrm{e}-19$
0.3638	0.0539	0.0061	$1.3118\mathrm{e}-13$
0.1729	0.0006	0.0011	$2.1653\mathrm{e}-11$
0.6256	0.886	0.0014	$9.8552\mathrm{e}-14$
0.4643	0.1855	0.8256	$3.5889\mathrm{e}-11$
0.6463	0.3519	0.0012	$7.7749\mathrm{e}-10$
0.3862	0.0334	0.053	$3.2697\mathrm{e}-07$

このようなことから、p 値だけを頼りに判定するのは危険と言えるので、サンプルサイズによらない**効果量**と呼ばれる指標が考えられています。たとえば、Cohen の効果量 d は 2 つの分布の平均を M_1、M_2、標準偏差を sd_1、sd_2 とすると

$$d = \frac{M_1 - M_2}{(sd_1{}^2 + sd_2{}^2)/2}$$

で定義されます。d は平均値の差が標準偏差を単位としてどれだけ離れているかを表す形になっています。上記の数値例では、平均値の差 $M_1 - M_2$ を 0.1 とし、標準偏差はいずれも $sd_1 = sd_2 = 1.0$ になるように母集団を生成しているのでこれを使うと、$d = 0.1$ となりますが、Cohen[*]の示した目安によると t 検定の場合は 0.2 でも小さいとしており、0.1 では標準偏差の割に平均値の差が小さすぎるということになります。

---

[*]Cohen, J.: Statistical power analysis for the behavioral sciences (2nd ed.), Routledge, 1988.

6.2.4　2 つの正規母集団の分散の比 〜 F 検定

　母分散の比は、6.2.1 項の母平均の t 検定を行う際に、母分散が等しいか否か（母分散の等質性）の判定をするために役に立ちます。5.2.6 項の分散比の推定と 5.3.4 項の分散比の区間推定で見たように、フィッシャーの標本分散比が F 分布に従うことを使って検定します。

6.2 正規母集団に関する仮説検定

帰無仮説を母分散が等しい、対立仮説を母分散が等しくない、すなわち

$$H_0 : \sigma_1{}^2 = \sigma_2{}^2 \qquad H_1 : \sigma_1{}^2 \neq \sigma_2{}^2$$

として、H_0 の下で、つまり $\sigma_1{}^2 = \sigma_2{}^2$ が成り立つと仮定して、フィッシャーの標本分散比を、分散比の推定のときと同じように

$$F = \frac{\sigma_2{}^2}{\sigma_1} \cdot \frac{s_1{}^2}{s_2{}^2} = \frac{s_1{}^2}{s_2{}^2}$$

とします。

帰無仮説が正しい場合、F は自由度 $(m-1, n-1)$ の F 分布に従うことが分かっているので、$F = \frac{s_1{}^2}{s_2{}^2}$ の値が

$$F_{1-\alpha/2}(m-1, n-1) \leqq F \leqq F_{\alpha/2}(m-1, n-1)$$

の範囲であれば帰無仮説 $H_0 : \sigma_1{}^2 = \sigma_2{}^2$ を採択でき、この範囲の外側

$$F < F_{1-\alpha/2}(m-1, n-1) \qquad \text{および} \qquad F_{\alpha/2}(m-1, n-1) < F$$

にあるときは棄却することになります。

このように検定統計量として F を用いる検定を **F 検定** と呼びます。

数値例 6-6　母分散の比の検定（母分散の等質性の検定）

例として、5.3.3 項の数値例 5-9 で、母分散が等しいかどうか、つまり $\sigma_1{}^2/\sigma_2{}^2$ を考えてみます。この場合、授業前と授業後それぞれの成績の標本平均は $\overline{X} = 76.3$、$\overline{Y} = 70.5$、不偏分散が $s_X{}^2 = 160.1$、$s_Y{}^2 = 59.6$ になっています。帰無仮説 H_0 を分散が等しい（$\sigma_1{}^2 = \sigma_2{}^2$）とすると、$H_0$ の下でフィッシャーの標本分散比 $F = s_1{}^2/s_2{}^2$ が自由度 $(m-1, n-1)$ の F 分布に従うことが分かっているので、$\alpha = 0.05$、$m = n = 10$ を与えると、$F = s_X{}^2/s_Y{}^2 = 160.1/59.6 = 2.686$ が計算できます。

$$F < F_{0.975}(9, 9) \qquad \text{と} \qquad F_{0.025}(9, 9) < F$$

155

第6章　推測統計（3）〜統計的仮説検定

の範囲で H_0 が棄却されますが、5.3.4 項の例にあるように F 分布の表から $F_{0.025}(9,9) = 4.026$、$F_{0.975}(9,9) = 0.248$ を得るので

$$F_{1-\alpha/2}(m-1, n-1) = 0.248 \leqq F = 2.686 \leqq F_{\alpha/2}(m-1, n-1) = 4.026$$

となり、帰無仮説 $H_0 : \sigma_1{}^2 = \sigma_2{}^2$ は棄却範囲外となり、棄却されないことが分かります。つまり、分散が変化していないとは言えない（変化したかもしれないし、変化していないかもしれない）というのが結論です。実際、サンプル上で見た不偏分散の値が授業前に 59.6 であったものが授業後に 160.1 とかなり大きくなっているので、前後で母分散が変わっていないという説は考えにくいでしょう。この授業を理解した学生としなかった学生がいて、学生間の差が大きくなったのかもしれませんし、授業後の試験が学生差をより大きく反映するものであったのかもしれません。

数値例 6-6 の検定を Python で行ってみます。F を計算し、自由度 $(m-1, n-1)$ の F 分布に対して $\alpha = 0.05$ で両側検定します。**リスト 6-7** に示します。

■ リスト 6-7　母分散の比の検定（母分散の等質性の検定）

```python
# -*- coding: utf-8 -*-
# 母分散の比の検定（母分散の等質性の検定）〜f検定
import math
import numpy as np
from scipy.stats import f
m = 10
n = 10
xmean = 76.3    # サンプルxの平均
ymean = 70.5    # サンプルyの平均
xvar = 160.1    # サンプルxの不偏分散
yvar = 59.6     # サンプルyの不偏分散
F = xvar/yvar   # F統計量
f_lower = f.ppf(0.025, m-1, n-1)  # 自由度(m-1, n-1)のf分布の0.025パーセント点
f_upper = f.ppf(0.975, m-1, n-1)  # 自由度(m-1, n-1)のf分布の0.025パーセント点
print('F=', round(F, 4), 'reject=', (F<f_lower)or(f_upper<F))
# 出力結果は
# F= 2.6862 reject= False
```

6.2.5 χ^2（カイ二乗）検定

χ^2 分布は母分散についての推定・検定で使われますが、さらに広い範囲で、ばらつきに関する検定の基準としても使われます。χ^2 検定では

$$\chi^2 = \sum \frac{(O-E)^2}{E}$$

の形の統計量を対象とします。ただし O は観測値（Observed）、E は理論によって予測（期待）された値（Expected、期待度数）を表します。帰無仮説の下でこの統計量が χ^2 分布に従うことを仮定して検定を行います。ここでは具体例として、適合度の検定と独立性の検定を取り上げます。

ところで、分割表（7.3 節で詳細に紹介）が与えられたときの期待度数 E は、$r \times c$ の分割表

	1	2	...	c	計
1	n_{11}	n_{12}	...	n_{1c}	n_{1*}
2	n_{21}	n_{22}	...	n_{2c}	n_{2*}
			...		
r	n_{r1}	n_{r2}	...	n_{rc}	n_{r*}
計	n_{*1}	n_{*2}	...	n_{*c}	N

に対して、期待度数 E は次のように計算します。

$$E_{ij} = \frac{n_{i*} \cdot n_{*j}}{N}$$

また、自由度は

$$\text{自由度} = (r-1)(c-1)$$

とします。これを用いて、χ^2 を求めます。

適合度の検定

適合度（goodness of fit）**の検定**は、質的な変数（離散的な変数）に対して理論的にある確率分布が仮定されるときに、サンプルから求められた度数の分布が理論上の分布に従う、ずれが十分に小さい、という帰無仮説を検定するものです。仮説が棄却さ

第6章　推測統計（3）〜統計的仮説検定

れれば、サンプルは理論上の分布に従っていないという結論になります。このとき、理論分布は特定のもの（正規分布など）に限定しません。

この検定には、適合度を表す統計量として、ばらつきの総和（ずれの割合の総和）

$$\chi^2 = \sum_{i=1}^{k} \frac{(O_i - E_i)^2}{E_i}$$

を用いますが、カテゴリー $[1, \cdots, i, \cdots, k]$ に対して、O_i は観測度数 f_i を、E_i は理論的に予測される度数つまり総観測度数 n と理論上の発生確率 p_i の積 np_i を用います。したがって

$$\chi^2 = \sum_{i=1}^{k} \frac{(f_i - np_i)^2}{np_i}$$

となり、この χ^2 を**適合度基準**と呼ぶことにします。

この適合度基準（ずれの総和）の統計量 χ^2 は、n が大きいときに自由度 $(k-1)$ の χ^2 分布に従うことが分かっているので、χ^2 分布表を用いて臨界点を求めることができます。また適合度検定では、適合度基準の値が小さいことが適合している（サンプルは理論上の分布に従っている）ことになるので、片側検定になります。つまり、帰無仮説 H_0 を

$$H_0 : サンプルは理論上の分布に従っている、$$

$$つまりカテゴリー \, i \, の発生確率は \, p_i \, である。$$

とすると、有意水準 α に対して、自由度 $(k-1)$ の χ^2 分布の有意水準 α の臨界値を $\chi^2{}_\alpha(k-1)$ と書くと

$$適合度基準 \chi^2 \; > \; \chi^2{}_\alpha(k-1)$$

であれば棄却される（つまりサンプルは理論上の分布に従っていないと言える）ことになります。なお、カテゴリー数は k ですが $f_1 + f_2 + \cdots + f_k = n$ であるため、自由度は $(k-1)$ になっています。

6.2 正規母集団に関する仮説検定

数値例 6-7　適合度検定の例

たとえば、日本人全体を男性と女性の2つのカテゴリーに分類します。簡単のため、仮に理論値として男性と女性は同数であるとします。他方、100人のサンプルを採ったところ男性が45人、女性が55人という観測値が得られたとしましょう。このとき、このサンプルが男女が半々であるという理論値にどれだけ適合するかを、有意水準5%の検定によって評価してみます。

適合度基準は

$$\chi^2 = \sum_{i=1}^{k} \frac{(f_i - np_i)^2}{np_i}$$

$$= \frac{(45-50)^2}{50} + \frac{(55-50)^2}{50} = 1.0$$

となる一方、自由度1のχ^2分布の有意水準5%の臨界値は$\chi^2{}_{0.05}(1) = 3.84$なので

$$\chi^2{}_{0.05}(1) = 3.84 \ < \ \text{適合度基準} \chi^2 = 1.0$$

となり、帰無仮説は棄却されない、つまり有意水準5%でサンプルは理論値に適合していないとは言えない、適合しているともいないとも言えない、という結論になりました。

なお、もしサンプルが男性40人、女性60人であったなら、適合度基準χ^2は4.0となり、臨界値3.84より大きいので帰無仮説は棄却され、有意水準5%でサンプルは理論値に適合していない、と結論されます。

数値例 6-7の検定を Python の `chi2` を用いて行ってみます。χ^2を計算し、自由度$(n-1)$のχ^2分布に対して$\alpha = 0.05$で右側片側検定します。プログラムを**リスト 6-8**に示します。この例ではデータサンプルを python のリストから numpy の `array` に変換し、それによって要素ごとの四則演算を簡単に書けるようにしています[4]。

---

[4]　numpy の `array` でなくリストのままで2倍すると
　　　`[a, b] * 2 = [a, b, a, b]`
　　になり、`[a*2, b*2]` にならないので注意が必要です。

第6章　推測統計（3）〜統計的仮説検定

■ リスト6-8　適合検定1

```
# -*- coding: utf-8 -*-
# 適合検定 〜 カイ二乗検定
import numpy as np
from scipy.stats import chi2
f = np.array([45, 55])
p = np.array([0.5, 0.5])
n = 100
chi2x = sum((((f-n*p)**2)/(n*p))
chi2_lower = chi2.ppf(1-0.05, len(x)-1)
print('chi2x=', chi2x, 'chi2_lower=', chi2_lower, 'reject=', chi2_lower<chi2x)
# 出力結果は
# chi2x= 1.0 chi2_lower= 3.8415 reject= False


# [40, 60]の場合
f2 = np.array([40, 60])
chi2x2 = sum((((f2-n*p)**2)/(n*p))
print('chi2x2=', chi2x2, 'chi2_lower=', chi2_lower, 'reject=', chi2_lower<chi2x2)
# 出力結果は
# chi2x2= 4.0 chi2_lower= 3.8415 reject= True
```

　入力データを与えると、検定結果を返してくれる関数 chisquare も用意されています。プログラム例を**リスト6-9**に示します。これを使う場合は、第2引数に比率ではなく個数を書きます。結果は統計量 χ^2 と p 値で示されます。本例では有意水準を0.05に取ったので、[45，55] の場合は棄却されず、[40，60] の場合は棄却されるという結論になります。

■ リスト6-9　適合検定1−chisquare を使う

```
# -*- coding: utf-8 -*-
# 適合検定 〜 カイ二乗検定 〜 関数chisquareを使う
import numpy as np
from scipy.stats import chisquare
f = np.array([45, 55])
expected = np.array([50, 50])
chisq, p = chisquare(f, f_exp=expected)
print('chisq=', chisq.round(4), 'p=', p.round(4))

# [40, 60]の場合
f2 = np.array([40, 60])
chisq2, p = chisquare(f2, f_exp=expected)
print('chisq2=', chisq2.round(4), 'p=', p.round(4))

# 出力結果は
# chisq= 1.0 p= 0.3173    （棄却されない）
# chisq2= 4.0 p= 0.0455    （棄却される）
```

6.2 正規母集団に関する仮説検定

数値例 6-8　適合度検定の例 2（血液型）

別の例を計算してみます。芸能人（タレント）100 人の血液型を見てみたところ[*]、下記の表のようになっていました。一般に日本人全体の分布はおよそ、A：38%、B Ｌ：22%、O：30%、AB：10% だと言われています。

血液型	A 型	B 型	AB 型	O 型
タレント 100 人中	30 人	21 人	10 人	39 人
日本人の分布	38%	22%	10%	30%

タレント 100 人のサンプルでは、明らかに O 型が多く A 型が少ない傾向が見られますが、これを適合度基準によって検定してみましょう。適合度基準は

$$\chi^2 = \sum_{i=1}^{k} \frac{(f_i - np_i)^2}{np_i}$$
$$= \frac{(30-38)^2}{38} + \frac{(21-22)^2}{22} + \frac{(10-10)^2}{10} + \frac{(39-30)^2}{30}$$
$$= \frac{64}{38} + \frac{1}{22} + \frac{0}{10} + \frac{81}{30} = 4.43$$

となる一方、カテゴリー数 $k = 4$ から、自由度 $k - 1 = 3$ の χ^2 分布の有意水準 5% の臨界値は $\chi^2_{0.05}(3) = 7.81$ なので、$\chi^2_{0.05}(3) = 7.81 < \chi^2 = 4.43$ となり、棄却されないことになります。つまり、有意水準 5% でサンプルは理論値に適合していないとは言えない、適合しているともいないとも言えない、というのが結論になります。

────────────────────────
[*] 日本語 Wikipedia「タレント」の「あ」項の先頭から、執筆時点で血液型の記載のあった 100 名を抜粋。

これも同様に、Python のプログラムで判定してみます。**リスト 6-10** は式を追って計算したプログラム例です。上記の数値例と同じ値が出ています。

■ リスト 6-10　適合検定 2

```
# -*- coding: utf-8 -*-
# 適合検定 ～ カイ二乗検定 ～ 血液型
import numpy as np
from scipy.stats import chi2
f = np.array([30, 21, 10, 39])
```

161

第 6 章　推測統計（3）〜統計的仮説検定

```
p = np.array([0.38, 0.22, 0.1, 0.3])
n = 100
chi2x = sum(((f-n*p)**2)/(n*p))
chi2_lower = chi2.ppf(1-0.05, len(f)-1)
print('chi2x=', chi2x.round(4), 'chi2_lower=', chi2_lower.round(4),
      'reject=', chi2_lower<chi2x)
# 出力結果は
# chi2x= 4.4297 chi2_lower= 7.8147 reject= False
```

　リスト 6-11 は、関数 chisquare を使ったプログラム例です。chisquare に与える変数 expected は割合ではなく実数を書きます。戻り値は、統計量 χ^2 と p 値ですが、得られた p 値が有意水準の 0.05 より大きいので、仮説は棄却されないという結論になります。

■ リスト 6-11　適合検定 2-chisquare を使う

```
# -*- coding: utf-8 -*-
# 適合検定 〜 カイ二乗検定 〜 血液型 〜 関数chisquareを使う
import numpy as np
from scipy.stats import chisquare
f = np.array([30, 21, 10, 39])
expected = np.array([0.38, 0.22, 0.1, 0.3])*sum(f) # 割合ではなく実数を書く
chisq, p = chisquare(f, f_exp=expected)
print('chisq=', chisq.round(4), 'p=', p.round(4))
# 出力結果は
# chisq= 4.4297 p= 0.2187      （棄却されない）
```

独立性の検定[5]

　独立性の検定は、2 つの**質的な**変数が独立であるか、関連がないかを確かめるための検定です。たとえば、代数と解析の成績が**表 6-2**[6]であったとき、「解析ができる学生は代数ができる」などの関連があるかないかを確かめようというものです。

---

[5]　質的な変数間の関係については、7.3 節でさらに詳しく議論しますが、本項では、χ^2 検定の応用としての独立性の検定だけを取り上げます。

[6]　『基礎統計学 I　統計学入門』（東京大学教養学部統計学教室 編、東京大学出版会、1991）p.248、表 12.9 を元に改変。

6.2 正規母集団に関する仮説検定

解析＼代数	優	良	可	計
優	11	13	8	32
良	15	20	12	47
可	8	11	7	26
計	34	44	27	105

■ 表 6-2 期末試験の成績

　このように、属性 A「解析」が $[A_1$ 優、A_2 良、A_3 可$]$ の 3 つのカテゴリーに、B「代数」が $[B_1$ 優、B_2 良、B_3 可$]$ の 3 つのカテゴリーに分類されています。このとき独立とは

H_0：すべてのカテゴリーの組合せ i, j について、$P(A_i \cap B_j) = P(A_i) \cdot P(B_j)$

であること、つまり A_1, A_2, A_3 の条件付き確率が B_j によらないことを言います。これを帰無仮説として仮説検定をします。

　ここで、χ^2 検定の E と O を考えますが、O は観測した回数（観測度数）でよいとして、E は次のようにして計算します。今 A_i と B_j の同時確率 $P(A_i \cap B_j)$ を p_{ij} と書き、$P(A_i) = \sum_j p_{ij} = p_{i*}$、$P(B_j) = \sum_i p_{ij} = p_{*j}$ と書くと、$p_{ij} = p_{i*} \cdot p_{*j}$ が成り立ちます。p_{i*} と p_{*j} の推定値として、表 6-2 にある実際に数えた頻度の「計」欄の数値（代数の「計」と解析の「計」、これらを**周辺度数**と呼ぶ）f_{i*} と f_{*j} を総数 n で割った値 $\hat{p}_{i*} = f_{i*}/n$ と $\hat{p}_{*j} = f_{*j}/n$ で置き換えると、E_{ij} は $E_{ij} = n \cdot \hat{p}_{i*} \cdot \hat{p}_{*j} = f_{i*} \cdot f_{*j}/n$ となります。これらから、独立性の χ^2 基準は

$$\chi^2 = \sum_i \sum_j \frac{(f_{ij} - f_{i*} \cdot f_{*j}/n)^2}{f_{i*} \cdot f_{*j}/n}$$
$$= \sum_i \sum_j \frac{(nf_{ij} - f_{i*}f_{*j})^2}{nf_{i*}f_{*j}}$$

となります。χ^2 分布の自由度は、表の (行数 $c - 1$) $\cdot$ (列数 $r - 1$) です。

163

第 6 章　推測統計（3）〜統計的仮説検定

数値例 6-9　独立性の検定

上記の数値例で帰無仮説

$$H_0：代数と幾何の成績は独立である \quad P(A_i \cap B_j) = P(A_i) \cdot P(B_j)$$

を検定してみましょう。幾何が優、代数が優の場合は

$$E_{11} = \frac{(f_{11} - f_{1*} \cdot f_{*1}/n)^2}{f_{1*} \cdot f_{*1}/n}$$
$$= \frac{(11 - 32 \cdot 34/105)^2}{32 \cdot 34/105} = 0.4071/10.36 = 0.0393$$

同様にして

$$E_{11} = 0.0393 \qquad E_{12} = 0.0125 \qquad E_{13} = 0.0064$$

$$E_{21} = 0.0032 \qquad E_{22} = 0.0047 \qquad E_{23} = 0.0006$$

$$E_{31} = 0.0209 \qquad E_{32} = 0.0010 \qquad E_{33} = 0.0148$$

なのでこれらの総和を取ると、独立性の χ^2 基準は $\chi^2 = 0.103$ となりました。χ^2 分布の自由度は $(r-1)(c-1) = 4$ になります。有意水準 5% に設定すると、χ^2 分布表から $\chi^2{}_{0.05}(4) = 9.488$ なので

$$\chi^2 = 0.103 \ < \ \chi^2{}_{0.05}(4) = 9.488$$

となり、独立であるという帰無仮説は棄却されず、両者に関係があるともないとも言えないという結論になります。

　この **数値例 6-9** を Python で計算してみます。式を追って計算するのはやや面倒なので、scipy.stats にある関数 chi2_contingency を使ったプログラムを**リスト 6-12** に示します。

164

6.2 正規母集団に関する仮説検定

■ リスト6-12 独立性の検定—chi2_contingency を使う

```
# -*- coding: utf-8 -*-
# 独立性の検定
import numpy as np
from scipy.stats import chi2_contingency
# 表データを準備する
x = np.array( [[11,13,8],[15,20,12],[8,11,7]] )
chi2x, p, dof, expected = chi2_contingency(x)    # 計算する
print('chi2=', chi2x.round(4), 'p=', p.round(4), 'dof=', dof)
print('E=', expected.round(4))
# 出力結果は
# chi2= 0.1033 p= 0.9987 dof= 4
# E= [[ 10.3619 13.4095 8.2286]
#    [ 15.219 19.6952 12.0857 ]
#    [ 8.419 10.8952 6.6857 ]]
```

検定統計量 chi2 は 0.103、また p 値は 0.999 で有意水準 0.05 に比べて大きく、仮説は棄却されないという結論になります。

もう 1 つ数値例を挙げておきます。第 7.3 節の表 7-2 で取り上げるタイタニック号遭難の例は、2×2 の分割表で与えられています。このデータで、「生還・死亡と男性・女性が独立である」という帰無仮説を検定します。

	生還	死亡	計
男性	154	14	168
女性	13	80	93
計	167	94	261

で、期待度数はそれぞれ

	生還	死亡	計
男性	$168 \times 167/281 = 107.5$	$168 \times 94/281 = 56.2$	168
女性	$93 \times 167/281 = 55.3$	$93 \times 94/281 = 31.1$	93
計	167	94	261

検定統計量は

	生還	死亡
男性	$(154 - 107.5)^2/107.5 = 20.1$	$(14 - 56.2)^2/56.2 = 31.7$
女性	$(13 - 55.3)^2/55.3 = 32.4$	$(80 - 31.1)^2/31.1 = 76.9$

165

第6章　推測統計（3）〜統計的仮説検定

検定統計量はこの 4 者の和なので、161.1 となります。

　自由度 $= (2-1)(2-1) = 1$ のカイ二乗分布に従うので、有意水準 $\alpha = 0.05$ の値を見ると 3.84 であり、独立であるという帰無仮説は棄却され、独立ではないと結論できます。

　なお、下図の 2×2 の分割表の場合

	B1	B2
A1	a	b
A2	c	d

χ^2 の式を整理すると

$$\chi^2 = \frac{(a+b+c+d)(ad-bc)^2}{(a+b)(c+d)(a+c)(b+d)}$$

のように簡単になります。

第 **7** 章

多次元データの解析（1）
～2つの量の関係

本章では、2つの量が関連して変動するかどうかを確かめる方法について見ていきます。たとえば、アイスクリームの世帯当たりの月別支出金額と月別の平均気温のデータから、暑いときにアイスクリームを買うというごく当たり前の傾向を、実際の数字の上で確認します。7.1節では2つの量が関係があるかどうかを分析する相関分析を、7.2節では一方の量が他方の量を決める規則を求める回帰分析を見ます。

また7.3節では、変数が連続量ではなく順序尺度や名義尺度といった離散的な量の場合の関連性を分析する方法をいくつか紹介します。たとえば、科目ごとの成績順位のデータから科目間の関連性を調べたり、選択肢アンケートの回答から項目の関連性を調べたりします。

第 7 章　多次元データの解析（1）〜2つの量の関係

7.1　相関分析 〜 2つの量の関係の分析

7.1.1　2つの量的変数の間の相関分析

　2つの量が、関連して増減するかどうかを知りたいことがあります。たとえば、**数値例 7-1** に掲げたのは、月別の気温と一世帯当たりアイスクリーム支出金額のデータです。

数値例 7-1　2016 年の気温と一世帯当たりのアイスクリーム支出金額

月	1	2	3	4	5	6	7	8	9	10	11	12
月別平均気温（℃）	10.6	12.2	14.9	20.3	25.2	26.3	29.7	31.6	27.7	22.6	15.5	13.8
アイスクリーム支出（円）	464	397	493	617	890	883	1292	1387	843	621	459	561

出典

・2016 年の東京における日最高気温の月平均値（気象庁）

　http://www.data.jma.go.jp/obd/stats/etrn/view/

　　　　monthly_s3.php?prec_no=44&block_no=47662&view=a2

・2016 年の一世帯当たりアイスクリーム支出金額（一般社団法人日本アイスクリーム協会）

　https://www.icecream.or.jp/data/expenditures.html

　これを、横軸を平均気温、縦軸を月間アイスクリーム支出として散布図（各月のデータを点で表したグラフ）を描くと**図 7-1** のようになります。

　この図を見ると、各月の点が左下から右の上に向かって並んでいる、つまり気温が高ければアイスクリームが売れるという関係がありそうだということはぼんやりと分かります。関連があることを**相関**があると呼びます。相関を求めることによって、2つの変数の間にどの程度強い関係があるのか、どのような関係か（ともに増加するのか、一方が増えると他方は減るのか）を知ることができます。

　相関の分析では直線的な関係の場合を主として扱います。散布図上で右上がりの直線つまり横軸の値が増えると縦軸の値も増えているような関係を**正の相関**、右下がりの直線つまり横軸が増えると縦軸が減っているような関係を**負の相関**と呼びます。

168

7.1 相関分析 〜 2つの量の関係の分析

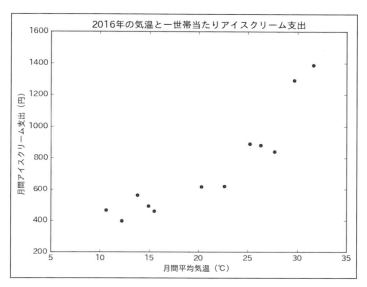

■ 図 7-1　平均気温と月間アイスクリーム支出の関連を示す散布図

また、データの点が直線に近いところに集まっている場合を**強い相関**、やや遠いところに散らばっている場合を**弱い相関**、点が直線とは関係なくばらばらに散らばっている場合は**相関がない**と区別します。さまざまな相関を**図 7-2** に示します。

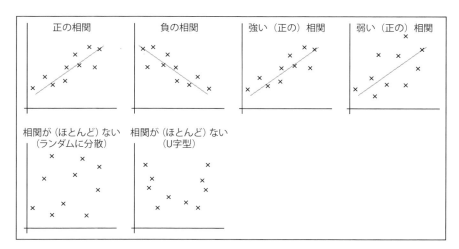

■ 図 7-2　さまざまな相関

第 7 章　多次元データの解析（1）～2 つの量の関係

相関の正負や強さを表す指標として、**相関係数**（correlation coefficient）が使われます。広く使われているのは**ピアソンの積率相関係数**と呼ばれるもので、データが $(x_1, y_1), (x_2, y_2), \ldots, (x_n, y_n)$ で与えられているとき、相関係数 r は

$$r = \frac{\sum (x_i - \overline{X})(y_i - \overline{Y})}{\sqrt{\sum (x_i - \overline{X})^2}\sqrt{\sum (y_i - \overline{Y})^2}}$$

で定義されます。この式は、共分散（covariance）

$$cov = \sum (x_i - \overline{X})(y_i - \overline{Y})/n$$

を、x と y それぞれの標準偏差

$$\sigma_x = \sqrt{\sum (x_i - \overline{X})^2/n}$$
$$\sigma_y = \sqrt{\sum (y_i - \overline{Y})^2/n}$$

の積で割ったもの、つまり

$$r = cov/\sigma_x \sigma_y$$

になっています。なお、相関係数は常に

$$-1 \leq r \leq 1$$

の範囲にあります。

　アイスクリーム売上げのデータについて計算してみると、相関係数は 0.910 となっており、かなり強い正の相関があると言えます。

　相関係数は、2 つのデータの間に散布図上で 1 つの直線関係があるとしたときの、その直線への各データの近さを測ったものに当たります[1]。たとえば散布図上で U 字型（**図 7-3**）になっているような、直線ではない形だが強い関係性があるという場合には、強い関係性はあるのにもかかわらず、相関係数は 0 に近くなります。相関係数の数値だけ見て 2 つのデータが無関係であると断じるのは危険で、散布図を描い

---

*1　第 7.3 節で詳しく議論します。

てみることが必要です。

Python の numpy の中の corrcoef() 関数を用いてアイスクリームの数値例 7-1 の相関係数を計算するプログラムを、**リスト 7-1** に示します。結果として相関行列が返されるので、そのうちから要素 [0，1] だけを取り出して相関係数として表示しました。また、分布図を matplotlib の plot.scatter で表示しています。

■ リスト 7-1　アイスクリームの支出と気温の相関係数

```
# -*- coding: utf-8 -*-
import numpy as np
import matplotlib.pyplot as plt
# 2016年　一世帯当たりアイスクリーム支出金額　　一般社団法人日本アイスクリーム協会
#     https://www.icecream.or.jp/data/expenditures.html
icecream = [[1,464],[2,397],[3,493],[4,617],[5,890],[6,883],[7,1292], \
    [8,1387],[9,843],[10,621],[11,459],[12,561]]
# 2016年　月別平均気温　気象庁
#     http://www.data.jma.go.jp/obd/stats/etrn/view/monthly_s3.php?
#                             prec_no=44&block_no=47662&view=a2
temperature = [[1,10.6],[2,12.2],[3,14.9],[4,20.3],[5,25.2],[6,26.3], \
    [7,29.7],[8,31.6],[9,27.7],[10,22.6],[11,15.5],[12,13.8]]
x = np.array([u[1] for u in temperature])
y = np.array([u[1] for u in icecream])
print('相関係数=', np.corrcoef(x, y)[0,1].round(4))
# グラフを描く
plt.scatter(x, y)
plt.title('2016年の気温と一世帯当たりアイスクリーム支出')
plt.xlabel('月間平均気温（℃）')
plt.ylabel('月間アイスクリーム支出（円）')
plt.show()
# 印刷出力は
# 相関係数= 0.9105
```

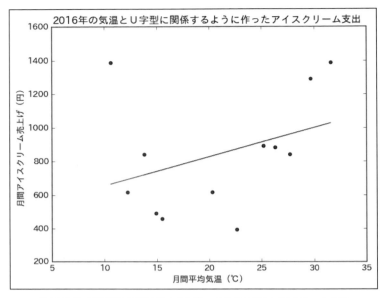

■ 図 7-3 U 字型に関連するように作った偽の月間アイスクリーム支出
（計算で得られた相関係数は 0.3565）

Python で相関係数を計算するライブラリ

Python で相関係数を計算する方法はいくつかあります。

- 定義の式を式のとおり Python で計算する。
- numpy の corrcoeff() 関数で計算する。
- 回帰分析（7.2 節を参照）のためのパッケージを使うと、相関係数も出してくれる。

相関係数の計算方法自体が簡単な数式ですから、どれがいいというものでもありませんが、7.1.2 項にあるような相関係数の検定が必要な場合には、その機能が含まれている（p 値が表示される）パッケージを選ぶ必要があります。たとえば numpy の corrcoeff では表示されません。

以下に、相関関係のいくつかの例題を挙げてみます。

7.1 相関分析 ～ ２つの量の関係の分析

車の速度と停車距離（Rのサンプルデータ）

　車の速度と停車距離がおよそ比例関係にありそうだということは、容易に予想できますが、実際のデータが統計パッケージRのサンプルデータにあるので、見てみることにしましょう。プログラムを**リスト7-2**に、また散布図を**図7-4**に示します。

■ リスト7-2 車の速度と停車距離（Rのサンプルデータ）

```
# -*- coding: utf-8 -*-
import numpy as np        # numpyライブラリを読み込み、それをnpと名付ける
import pandas as pd           # pandasライブラリを読み込み、それをpdと名付ける
import matplotlib.pyplot as plt
from rpy2.robjects import r, pandas2ri
pandas2ri.activate()

cars = r['cars']
print('相関係数', np.corrcoef(cars['speed'], cars['dist'])[0,1].round(4))
# 出力結果は
# 相関係数 0.8069

cars.plot.scatter(x='speed', y='dist')
plt.title('車の速度と停止距離（Rのサンプルデータによる）')
plt.xlabel('速度(mph)')
plt.ylabel('停止距離(ft)')
plt.show()
```

　この例題では、RのサンプルデータをPythonで読み出すには、パッケージ`rpy2.robjects`を使います。モジュール`r`と`pandas2ri`をimportしておきます。また、この結果はpandasのデータフレームとして取り込まれるので、パッケージpandasもimportしておきます。さらに、データを取り込む前に、`pandas2ri.activate()`によってモジュールを初期化しておきます。これだけ準備しておけば、Rのサンプルデータcarsの取り込みはr['cars']で行えます。

　相関係数はnumpyのcorrcoef関数で計算しています。また、分布図をpandasのデータフレームに対するplot.scatterで表示しています。

　相関係数は $r = 0.807$ となり、強い正の相関があることが分かりました。散布図で見ても、点が右上がりの直線のまわりに分布しており、強い正の相関があることが見て取れます。

173

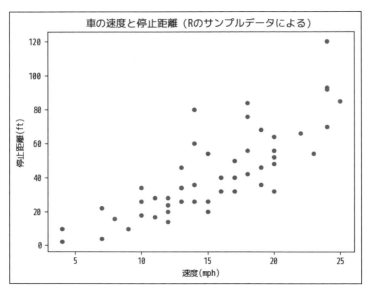

■ 図 7-4　車の速度と停止距離の関係（R のサンプルデータ）

都道府県別の小売店数と人口

　都道府県別に見たときの小売店数と人口も、人口が多ければ小売店数も多いだろうという正の相関関係がありそうです。これを実際に確かめてみます。

　都道府県別の人口は、「平成 27 年国勢調査」の「人口等基本集計（男女・年齢・配偶関係，世帯の構成，住居の状態など）全国結果」から取り出すことができます。

　　http://www.e-stat.go.jp/SG1/estat/GL08020103.do?_csvDownload_&
　　　　fileId=000007809735&releaseCount=2

　また小売店数は、平成 26 年商業統計確報のうち第 2 巻 2 表から、「都道府県別小売業事業所数」を取り出すことにします。

　　http://www.meti.go.jp/statistics/tyo/syougyo/result-2/h26/xlsx/kaku2.xlsx

　あらかじめ、1 行に 1 県の人口と店舗数をカンマ区切りで書いたファイル jinkou-kouriten.csv を用意しておきます。これは、上記の 2 つのデータをダウンロードしたのち、Excel を用いて必要な部分を取り出して並べ、結果を csv 形式で出力したものです。この例でも、numpy の corrcoef() を使っています。

　リスト 7-3 のプログラムによって、これを読み込んで散布図を描くと、図 7-5 のようになりました。また相関係数として $r = 0.9826$ が得られました。非常に強い相関

7.1 相関分析 〜 2つの量の関係の分析

関係があると言えるでしょう。

■ リスト7-3 都道府県別 人口と小売店数との関係

```python
# -*- coding: utf-8 -*-
import numpy as np
import matplotlib.pyplot as plt
x = np.loadtxt('jinkou-kouriten.csv', delimiter=",")    # CSVファイルからデータを読み込む
# 出典
# 人口：平成27年国勢調査 人口等基本集計（男女・年齢・配偶関係，世帯の構成，住居の状態など）全国結果
# http://www.e-stat.go.jp/SG1/estat/GL08020103.do?_csvDownload_&fileId=000007809735
# &releaseCount=2
# 小売店数：  平成26年商業統計確報 うち、2巻2表から、都道府県別小売業事業所数
# http://www.meti.go.jp/statistics/tyo/syougyo/result-2/h26/xlsx/kaku2.xlsx
jinkou = [u[0]/1000 for u in x]
kouriten = [u[1] for u in x]
print('相関係数', np.corrcoef(jinkou, kouriten)[0,1].round(4))
plt.scatter(jinkou, kouriten, marker='x')
plt.title('都道府県別の人口と小売店数との関係')
plt.xlabel('人口(千人)')
plt.ylabel('小売店数')
plt.show()
# 出力結果は
# 相関係数 0.9826
```

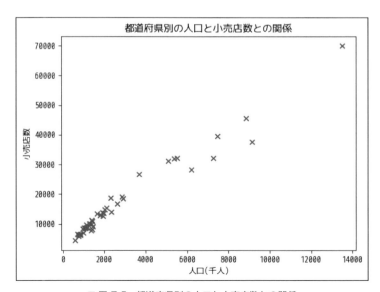

■ 図 7-5 都道府県別の人口と小売店数との関係

出生率と死亡率

人口動態の統計から、出生率と死亡率の関係を見てみます。1975年ごろまでは出生率も死亡率も同じように減少してきたと思いますが、最近は両者の関係がどういう傾向にあるのか、興味があるところです。

データは、平成27年（2015）人口動態統計の年間推計、「第2表 人口動態総覧（率）の年次推移」（http://www.mhlw.go.jp/toukei/saikin/hw/jinkou/suikei15/dl/2015suikei.pdf）より抜粋します。出生率と死亡率の関係を表した散布図（**図7-6**）を見ると、1975年以前、1976〜1989年、1990年以降の3つの時期で傾向が大きく異なるので、グラフ上でもマーカーの形を変えてあります。

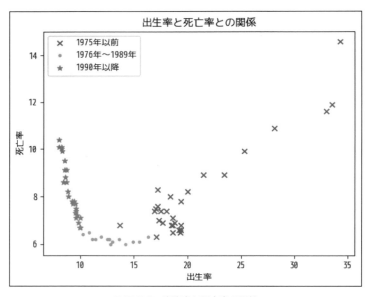

■ 図 7-6　出生率と死亡率の関係

プログラムは**リスト7-4**に示しています。得られた相関係数は、1975年以前は$r = 0.9224$で強い正の相関があり、グラフの上からも明瞭に見て取れます。1976〜1989年の間は$r = -0.4910$で相関係数上はやや弱い負の相関があることになりますが、グラフの上では低い死亡率でフラットな形で出生率が減少しています。1990年以降は$r = -0.9654$となっており強い負の相関があると言えますが、グラフ上も右下がりの直線に乗っています。

7.1　相関分析 〜 2つの量の関係の分析

　なお、散布図上の点の並びの傾きと相関係数を混同してはいけません。相関係数の正負は確かに傾きの正負に対応しますが、相関係数の値は傾きの大小とは関係ありません。相関係数は、分布している各点と直線との距離を取ったもので、点が直線に近い位置にどれだけまとまっているかを表しています。傾きが緩くても急でも、直線の近くに集まっていれば相関係数の絶対値は大きくなります。

■ リスト 7-4　出生率と死亡率の関係

```
# -*- coding: utf-8 -*-
import numpy as np
import matplotlib.pyplot as plt

x = np.loadtxt('shusseiritsu.csv', delimiter=",")  # CSVファイルからデータを読み込む
# 出典  http://www.mhlw.go.jp/toukei/saikin/hw/jinkou/suikei15/dl/2015suikei.pdf

birth1 = [u[1] for u in x if u[0]<=1975]
death1 = [u[2] for u in x if u[0]<=1975]
birth2 = [u[1] for u in x if (1976<=u[0] and u[0]<=1989)]
death2 = [u[2] for u in x if (1976<=u[0] and u[0]<=1989)]
birth3 = [u[1] for u in x if 1990<=u[0]]
death3 = [u[2] for u in x if 1990<=u[0]]
print('1975年以前', np.corrcoef(birth1, death1) [0,1])
print('1976-1989', np.corrcoef(birth2, death2) [0,1])
print('1990年以降', np.corrcoef(birth3, death3) [0,1])
# 散布図を表示
plt.scatter(birth1, death1, marker='x', label='1975年以前')
plt.scatter(birth2, death2, marker='.', label='1976年〜1989年')
plt.scatter(birth3, death3, marker='*', label='1990年以降')
plt.title('出生率と死亡率との関係')
plt.xlabel('出生率')
plt.ylabel('死亡率')
plt.legend()
plt.show()
# 出力結果
# 1975年以前 0.9224
# 1976-1989 -0.491
# 1990年以降 -0.9654
```

並列処理の並列数と計算時間（逆数に比例する例）

　最後に、逆数に比例するような場合を紹介します。筆者の手元で並列処理の CPU 数と計算時間の測定をした結果があります。原理上は、CPU 数が 2 倍になると計算時間は 1/2 になり、CPU 数が N 倍になると計算時間は $1/N$ になる、という関係です。実際には一部の処理は並列に行われない（たとえばプログラムの初期化、終了処理などは並列化されない）ので、CPU 数を N 倍にしても計算時間は $1/N$ にはならないのですが、その様子を見てみようという実験です。

177

実験では処理時間を測定するので、CPU 数と得られた処理時間の関係を散布図に描いたのが**図 7-7** です。計算時間は $1/N$ になるので、反比例型の曲線になります。これで相関係数を計算すると $r = -0.546$ になりました。確かに右下がりではありますが、反比例では直線にはならないので、相関係数の絶対値はそれほど大きくありません。この系は $1/N$ に比例すると予想されるので、計算時間の逆数を取って縦軸にする（つまり変数変換をする）と、散布図は**図 7-8** となり、見事に直線に乗り、計算で求めた相関係数は $r = 0.999$ となりました。

つまり、CPU の数と計算時間の逆数はほとんど直線に乗る強い相関関係がある（つまり、測定値はモデルどおりのふるまいを示している）のですが、測定データである計算時間自体を縦軸に使うと相関係数の上ではやや弱い負の相関ということになってしまったという例です。

プログラムを**リスト 7-5** に示します。

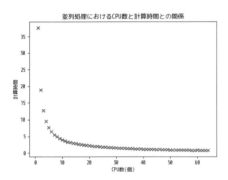

■ 図 7-7　並列処理における CPU の数と処理時間の関係

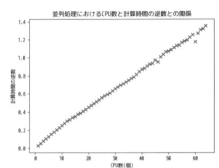

■ 図 7-8　並列処理における CPU の数と処理時間の逆数の関係

■ **リスト 7-5**　並列処理における CPU 数と計算時間の逆数との関係

```
# -*- coding: utf-8 -*-
import numpy as np
import matplotlib.pyplot as plt
x = np.loadtxt('parallel-time.csv', delimiter=",")   # CSVファイルからデータを読み込む
# print(x)
cpu = [u[0] for u in x]
time= [u[1] for u in x]
print('CPU数と時間の相関係数', np.corrcoef(cpu, time)[0,1].round(4))
time_inverse= [1/u[1] for u in x]
print('CPU数と時間の逆数の相関係数', np.corrcoef(cpu, time_inverse)[0,1].round(4))
plt.scatter(cpu, time_inverse, marker='x')
plt.title('並列処理におけるCPU数と計算時間の逆数との関係')
```

7.1 相関分析 〜 2つの量の関係の分析

```
plt.xlabel('CPU数(個)')
plt.ylabel('計算時間の逆数')
plt.show()
# 出力結果は
# CPU数と時間の相関係数 -0.5463
# CPU数と時間の逆数の相関係数 0.9992
```

7.1.2 相関係数の区間推定と検定（無相関検定）

　相関係数は、式に従って計算すればいつでも求められますが、サンプルから計算した相関係数に意味があるかどうか、つまりサンプルの相関係数の有意性について確認する必要があることがあります。この検定は**無相関検定**と呼ばれています。

　図 7-6 で紹介した出生率・死亡率の関係で、1976〜1989 年のデータについては一定の負の相関が見込まれるような相関係数の値 $r = -0.4910$ が算出されたわけですが、グラフを見ると多少の U 字型ながらほぼ直線に乗っていてかなり強い相関があるような印象があります。そこで、後述するプログラムで 3 つの区間それぞれの無相関検定を行い p 値を求めると、1976〜1989 年の期間だけ p 値が大きく 0.075 となっていました。後述するように、無相関検定は相関がないということを帰無仮説 H_0 として検定を行うものなので、この期間の相関は、有意水準 5% に設定すると帰無仮説はぎりぎりですが棄却されない、つまり「相関があるともないとも言えないレベル」であることが分かります。他の 2 つの期間については p 値は十分に小さいので、無相関という帰無仮説は棄却されて、「この相関係数の相関がある」と言えることになります。

期間	相関係数	p 値
1975 年以前	0.9224	1.1466e−12
1976〜1989 年	−0.4910	0.0746
1990 年以降	−0.9654	1.6216e−15

　相関係数の区間推定・検定の考え方は、次のようなものです。サンプルから求めた相関係数 r から、母集団の相関係数（母相関係数）ρ を区間推定したいわけですが、一般に相関の対象となる 2 つの変数が 2 変量正規分布（bivariate normal distribution）であるとき、標本相関係数 r の分布は

● $\rho = 0$ のとき、統計量

$$t = \frac{r\sqrt{n-2}}{\sqrt{1-r^2}}$$

は自由度 $(n-2)$ の t 分布に従う

第 7 章　多次元データの解析（1）〜2 つの量の関係

- $\rho \neq 0$ のとき、統計量

$$Z = \frac{1}{2} \ln \frac{1+r}{1-r}$$

は近似的に正規分布

$$N(\frac{1}{2} \ln \frac{1+\rho}{1-\rho}, \frac{1}{n-3})$$

に従う

ことが分かっています。

この関係を使って、サンプルの相関係数から母相関係数を区間推定することができます。

- 点推定の場合：　ρ の推定値　$\hat{\rho} = r$
- 区間推定の場合：　上式の正規分布近似で推定

また、相関の検定は、通常は無相関の検定（母集団に相関がない $\rho = 0$ という帰無仮説 H_0 を仮定して検定）として行われます。つまり

$$\text{帰無仮説 } H_0 : \rho = 0 \quad \text{母集団に相関がない}$$

$$\text{対立仮説 } H_1 : \rho \neq 0 \quad \text{相関がある}$$

とします。母集団から取ったサンプルの相関係数（標本相関係数）r を計算することができますが、さまざまなサンプルの採り方から考えられる r の分布について、r から計算される統計量

$$t = \frac{r\sqrt{n-2}}{\sqrt{1-r^2}}$$

は、自由度 $(n-2)$ の t 分布に従うことが分かっています。この式を r について解くと

$$r = \frac{t}{\sqrt{n-2+t^2}}$$

となります。

両側検定として、有意水準 $\alpha = 0.05$（$\alpha/2 = 0.025$）の t 分布の表を参照すると、データ個数 $n = 14$、自由度 $(n-2) = 12$ に対して $t_{0.025} = 2.1179$、対応する r は

$r_{0.025} = 0.532$ が得られます。期間 1976〜1989 年の相関係数 $r = -0.491$ なので

$$-r_{0.025} = -0.532 \ < \ r = -0.491 \ < \ r_{0.025} = 0.532$$

となり、棄却域（外側）には入りません。

Python で無相関検定の処理を行うには、scipy の stats モジュール中の linregress() や statsmodels 中の OLS（Ordinary Least Square）を使います。

リスト 7-6 は、scipy の stats モジュール中の linregress() を使った例で、相関係数、次節で触れる回帰分析の結果とともに、無相関検定の p 値が pvalue として返されます。マニュアルは

https://docs.scipy.org/doc/scipy/reference/generated/scipy.stats.linregress.html
を参照してください。

■ リスト 7-6　出生率と死亡率の関係

```
# -*- coding: utf-8 -*-
import numpy as np
import matplotlib.pyplot as plt
import scipy.stats
x = np.loadtxt('shusseiritsu.csv', delimiter=",")  # CSVファイルからデータを読み込む
birth1 = [u[1] for u in x if u[0]<=1975]
death1 = [u[2] for u in x if u[0]<=1975]
birth2 = [u[1] for u in x if (1976<=u[0] and u[0]<=1989)]
death2 = [u[2] for u in x if (1976<=u[0] and u[0]<=1989)]
birth3 = [u[1] for u in x if 1990<=u[0]]
death3 = [u[2] for u in x if 1990<=u[0]]
slope, intercept, r_value, p_value, std_err = \
     scipy.stats.linregress(birth1, death1)
print('1975年以前 傾き', slope.round(4), '切片', intercept.round(4), \
     'r値', r_value.round(4), 'p値', p_value.round(4), '標準誤差', \
     std_err.round(4))
slope, intercept, r_value, p_value, std_err = \
     scipy.stats.linregress(birth2, death2)
print('1976~89年 傾き', slope.round(4), '切片', intercept.round(4), \
     'r値', r_value.round(4), 'p値', p_value.round(4), '標準誤差', \
     std_err.round(4))
slope, intercept, r_value, p_value, std_err = \
     scipy.stats.linregress(birth3, death3)
print('1990年以降 傾き', slope.round(4), '切片', intercept.round(4), \
     'r値', r_value.round(4), 'p値', p_value.round(4), '標準誤差', \
     std_err.round(4))
# 出力結果は
# 1975年以前 傾き 0.3451 切片 0.962 r値 0.9224 p値 0.0 標準誤差 0.0278
# 1976~89年 傾き -0.0382 切片 6.6939 r値 -0.491 p値 0.0746 標準誤差 0.0196
# 1990年以降 傾き -1.7236 切片 23.8527 r値 -0.9654 p値 0.0 標準誤差 0.095
```

第 7 章　多次元データの解析（1）〜2 つの量の関係

　1976〜1989 年の期間の結果を見ると、p 値が 0.0746 なので、有意水準 5% では棄却できないという結果が得られています。

　また、statsmodels 中の OLS を使ったプログラム例は、**リスト 7-7** に示します。相関係数、回帰分析の結果とともに、さまざまな統計的なパラメタが返されています。無相関検定の p 値は summary() の中では中段の $P > |t|$ の欄に示されていますし、result.pvalues で取り出すことができます。マニュアルは

　https://docs.scipy.org/doc/scipy/reference/generated/scipy.stats.linregress.html
を参照してください。

■ リスト 7-7　出生率と死亡率の関係

```
# -*- coding: utf-8 -*-
import numpy as np
import matplotlib.pyplot as plt
import statsmodels.api as sm
x = np.loadtxt('shusseiritsu.csv', delimiter=",")  # CSVファイルからデータを読み込む
# 出典 http://www.mhlw.go.jp/toukei/saikin/hw/jinkou/suikei15/dl/2015suikei.pdf
birth1 = [u[1] for u in x if u[0]<=1975]
death1 = [u[2] for u in x if u[0]<=1975]
birth2 = [u[1] for u in x if (1976<=u[0] and u[0]<=1989)]
death2 = [u[2] for u in x if (1976<=u[0] and u[0]<=1989)]
birth3 = [u[1] for u in x if 1990<=u[0]]
death3 = [u[2] for u in x if 1990<=u[0]]

model2 = sm.OLS(death2, sm.add_constant(birth2))
         # X側はadd_constantで1列追加し、切片を計算させる
results2 = model2.fit()
print('1976〜1989年  ', results2.summary())
b, a = results2.params
print('1976〜1989年  a=', a.round(4), 'b=', b.round(4), 'p値=', results2.pvalues)
# 出力結果は
#                            OLS Regression Results
#==============================================================================
# Dep. Variable:                      y   R-squared:                       0.241
# Model:                            OLS   Adj. R-squared:                  0.178
# Method:                 Least Squares   F-statistic:                     3.813
# Date:                Fri, 02 Feb 2018   Prob (F-statistic):             0.0746
# Time:                        14:54:54   Log-Likelihood:                 9.9691
# No. Observations:                  14   AIC:                            -15.94
# Df Residuals:                      12   BIC:                            -14.66
# Df Model:                           1
# Covariance Type:            nonrobust
# ==============================================================================
#                  coef    std err          t      P>|t|      [0.025      0.975]
# ------------------------------------------------------------------------------
# const          6.6939      0.255     26.223      0.000       6.138       7.250
# x1            -0.0382      0.020     -1.953      0.075      -0.081       0.004
# ==============================================================================
```

7.2 従属関係の分析 〜 回帰分析

```
# Omnibus:                    0.867   Durbin-Watson:              1.444
# Prob(Omnibus):              0.648   Jarque-Bera (JB):           0.486
# Skew:                       0.434   Prob(JB):                   0.784
# Kurtosis:                   2.716   Cond. No.                   97.7
# ============================================================================
#
# Warnings:
# [1] Standard Errors assume that the covariance matrix of the errors is correctly
# specified.
#
# 1976〜1989年  a= -0.0382 b= 6.6939 p値= [  5.7855e-12   7.4589e-02]
```

　ここで検定のための p 値は傾きに関するもので、上の表では x1 の行の 0.075、下の print(model2.pvalues) の結果では 2 番目の $7.4589e-02$ が当たります。

7.2 従属関係の分析 〜 回帰分析

　回帰分析は、相関があってそこに因果関係があると考えられるときに、そのモデルとなる関数、つまり因果関係の入力と出力の関係性を式（関数、通常は一次関数）の形で求める手法です。

　相関があるときに、必ず因果関係があるとは言えません。因果関係があれば相関関係が出るのが普通ですが、因果関係がなくても、もしくは直接の因果関係がなくても、相関関係が出る可能性があります。いくつかの場合を紹介しましょう。

　まず、x が原因で、それが結果 y を起こす場合、x と y には正の相関関係が見られるでしょう。しかし逆に、y が原因で x が結果であっても、x と y との間には正の相関関係が見られるはずです。相関関係からどちらが原因か結果かを決めることはできません。

　さらに、原因 x から結果 y までの間に 2 ステップある場合、つまり原因 x が結果 z を決め、原因 y が結果 z を決めている場合にも、x と y の間に相関関係が見られることがありますが、だからと言って x が y を（直接）決めているわけではありません。

　また、z が原因となって x と y とを別々に決めている場合、やはり x と y の間に相関関係が出ることがあります。たとえば、小学校 1 年生から 6 年生までを対象に身長と学力を測ったとするとき、身長が高ければ学力が高いという相関関係が存在するでしょう。しかしそこには年齢という因子があって、年齢→身長、年齢→学力、という因果関係があるために結果として身長と学力は正の相関関係があるように見えます

183

が、直接の因果関係はありません。さらには、もともと因果関係がないのに偶然に相関関係が出るということもあり得ます。

まとめると、相関関係があるからといって因果関係があるとは限らない、ということです。本節で議論する回帰分析は、因果関係をモデルとして仮定したときに、その関係性を式で表そうとする分析です。そこでは、どちらの変数が入力（つまり原因、統計では説明変数と呼びます）で、どちらの変数が出力（結果、統計では目的変数と呼びます）であるかを宣言する必要があります。アイスクリームの支出の例では、平均気温を説明変数（入力）、アイスクリームの支出を目的変数（出力）とするのが、自然でしょう。つまり、気温が高くなるとアイスクリームをほしくなるから支出が増える、というモデルを仮定することになります。その上で

$$アイスクリームの支出 = f(平均気温)$$

という形での関数 f を決めよう、という分析です。

通常よく行われるのは、f が一次関数の場合です。つまり

$$f(x) = bx + a$$

とし、x の係数 b と定数 a を決める、という作業をします。その決め方は、直線を引いたときにそれぞれのデータ点からの距離（**図 7-9**）の二乗和が最小になるような引き方（最小二乗法）にします。

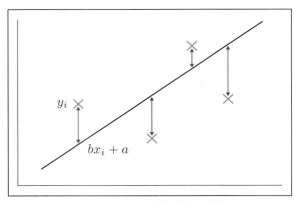

■ 図 7-9　データ点と直線との距離

距離の二乗和 L は

$$L = \sum \{y_i - (bx_i + a)\}^2$$

なので、これを最小にする a, b を求めることになります。L の式を a と b で偏微分してそれぞれ 0 と置くことで、a と b に関する連立一次方程式が得られます。

$$na + (\sum x_i)b = \sum y_i$$
$$(\sum x_i)a + (\sum x_i{}^2)b = \sum x_i y_i$$

これを解くと、a と b の式を得ることができます。

$$b = \frac{\sum x_i y_i - n\overline{xy}}{\sum x_i{}^2 - n\overline{x}^2}$$
$$a = \overline{y} - b\overline{x}$$

相関係数は、この回帰直線の当てはまりの良さの尺度になります。相関係数が 1 または −1 であると、データ点と直線との差の二乗和は 0 になります。このことから、r^2 を**決定係数**と呼ぶことがあります。

データが多次元の場合に拡張するには、N 個の説明変数から 1 つの目的変数が決まるモデルを作ることになります。散布図は $(N+1)$ 次元の空間になり、回帰直線の代わりに、各データ点から最も二乗距離の和が小さくなる回帰平面を置いて、その平面の式を求めることになります。1 つの説明変数の場合に回帰直線を求める分析を単回帰、2 つ以上の説明変数の場合に回帰平面を求める分析を重回帰と呼びます。

7.1 節のアイスクリームの支出の数値例 7-1 では、$a = -107.1$、$b = 40.70$ が得られました。この値を入れた式

$$y = 40.70x - 107.1$$

を**回帰方程式**あるいは**回帰直線**と呼びます。図 7-1 の散布図で直線が入っていますが、この直線がこのようにして決めた回帰直線です。

Python プログラムで回帰直線を求めるのに、いくつかのパッケージがありますが、ここでは scipy の stats モジュールの linregress()、scikit-learn

第7章 多次元データの解析(1)～2つの量の関係

の linear_model モジュールの LinearRegression()、statsmodels パッケージの api.OLS モジュールを見てみます。

stats の linregress() は相関係数の計算・検定のところでも紹介していますが、相関係数の p 値まで出してくれるのが具合の良い点で、その代わり単回帰のみ（説明変数が1つだけ）で、重回帰分析は扱えません。**リスト7-8** のようになります。

■ リスト7-8 アイスクリームの売上げと気温から回帰方程式を求める（scipy の linregress）

```
# -*- coding: utf-8 -*-
# アイスクリーム支出の回帰分析   astats.linregressを用いる
import numpy as np
import matplotlib.pyplot as plt
import scipy.stats
# 2016年　一世帯当たりアイスクリーム支出金額　　一般社団法人日本アイスクリーム協会
#     https://www.icecream.or.jp/data/expenditures.html
icecream = [[1,464],[2,397],[3,493],[4,617],[5,890],[6,883],[7,1292], \
    [8,1387],[9,843],[10,621],[11,459],[12,561]]
# 2016年　月別平均気温　気象庁
#     http://www.data.jma.go.jp/obd/stats/etrn/view/monthly_s3.php?
#                         prec_no=44&block_no=47662&view=a2
temperature = [[1,10.6],[2,12.2],[3,14.9],[4,20.3],[5,25.2],[6,26.3], \
    [7,29.7],[8,31.6],[9,27.7],[10,22.6],[11,15.5],[12,13.8]]
x = np.array([u[1] for u in temperature])
y = np.array([u[1] for u in icecream])
result = scipy.stats.linregress(x, y)
print('傾き=', result.slope.round(4), '切片=', result.intercept.round(4),\
    '信頼係数=', result.rvalue.round(4), 'p値=', result.pvalue.round(4),\
    '標準誤差=', result.stderr.round(4))
# グラフを描く
b = result.slope
a = result.intercept
plt.plot(x, [b*u+a for u in x])    # predict(X)はXに対応した回帰直線上のyの値を返す
plt.scatter(x, y)
plt.title('2016年の気温と一世帯当たりアイスクリーム支出')
plt.xlabel('月間平均気温（℃）')
plt.ylabel('月間アイスクリーム支出（円）')
plt.show()
# 出力結果は
# 傾き= 40.7016 切片= -107.0571 信頼係数= 0.9105 p値= 0.0 標準誤差= 5.8471
```

scikit-learn の linear_model を使うと、**リスト7-9** のような分析になります。この例では、回帰直線の y の値を自分で計算せず、model.predict(X) として model に任せる形で計算してみました。

7.2　従属関係の分析 ～ 回帰分析

■ リスト 7-9　アイスクリームの支出と気温から回帰方程式を求める（scikit-learn の linear_model）

```python
# -*- coding: utf-8 -*-
# アイスクリーム支出の回帰分析　sklearnのlinear_modelを用いる
import numpy as np
import pandas as pd
import matplotlib.pyplot as plt
from sklearn import linear_model    # scikit-learnのlinear_modelを使って回帰分析
# 2016年　一世帯当たりアイスクリーム支出金額　一般社団法人日本アイスクリーム協会
#     https://www.icecream.or.jp/data/expenditures.html
icecream = [[1,464],[2,397],[3,493],[4,617],[5,890],[6,883],[7,1292], \
    [8,1387],[9,843],[10,621],[11,459],[12,561]]
# 2016年　月別平均気温　気象庁
#     http://www.data.jma.go.jp/obd/stats/etrn/view/monthly_s3.php?
#                           prec_no=44&block_no=47662&view=a2
temperature = [[1,10.6],[2,12.2],[3,14.9],[4,20.3],[5,25.2],[6,26.3], \
    [7,29.7],[8,31.6],[9,27.7],[10,22.6],[11,15.5],[12,13.8]]
X = pd.DataFrame([u[1] for u in temperature])
Y = pd.DataFrame([u[1] for u in icecream])
model = linear_model.LinearRegression()
results = model.fit(X, Y)
print('a', model.coef_[0][0], 'b', model.intercept_[0])


# グラフを描く
plt.plot(X, model.predict(X))    # predict(X)はXに対応した回帰直線上のyの値を返す
plt.scatter(X, Y)
plt.title('2016年の気温と一世帯当たりアイスクリーム支出')
plt.xlabel('月間平均気温（℃）')
plt.ylabel('月間アイスクリーム支出（円）')
plt.show()
# 出力結果　a 40.7016 b -107.0571
```

　statsmodels の OLS モジュールを使った解析は、次のようになります。OLS の
詳細はマニュアル

　　http://www.statsmodels.org/dev/generated/statsmodels.regression.linear_
　　model.OLS.html

を、また戻り値として返される値のクラスのマニュアルは回帰分析全体の説明

　　http://www.statsmodels.org/dev/generated/statsmodels.regression.linear_
　　model.RegressionResults.html

を、および OLS 固有の記述

　　http://www.statsmodels.org/dev/generated/statsmodels.regression.linear_
　　model.OLSResults.html

を見てください。**リスト 7-10** では散布図の表示や細かいコメントは省略しました。
sm.OLS のインスタンス model を作るときに、sm.add_constant(x) によって

第 7 章　多次元データの解析（1）〜 2 つの量の関係

x を 1 列増やして定数 1 を入れています。add_constant() についてはマニュアル

　　http://www.statsmodels.org/dev/generated/statsmodels.tools.tools.add_
　　constant.html

を参照してください。

■ リスト 7-10　アイスクリームの売上げと気温から回帰方程式を求める（statsmodels の OLS）

```
# -*- coding: utf-8 -*-
# アイスクリーム支出の回帰分析　statsmodelsのOLSを用いる
import numpy as np
import pandas as pd
import statsmodels.api as sm      # 回帰分析はstatsmodelsパッケージを利用する
icecream = [[1,464],[2,397],[3,493],[4,617],[5,890],[6,883],[7,1292], \
    [8,1387],[9,843],[10,621],[11,459],[12,561]]
temperature = [[1,10.6],[2,12.2],[3,14.9],[4,20.3],[5,25.2],[6,26.3], \
    [7,29.7],[8,31.6],[9,27.7],[10,22.6],[11,15.5],[12,13.8]]
x = np.array([u[1] for u in temperature])
y = np.array([u[1] for u in icecream])
model = sm.OLS(y, sm.add_constant(x)) # 切片計算のためxに定数列を1列加えてからモデルを作る
results = model.fit()
print(results.summary())
b, a = results.params
print('a', a.round(4), 'b', b.round(4))

# 出力結果　a 40.7016 b -107.0571
```

数値例 7-2　ボストンの住宅価格の重回帰分析

重回帰分析の例として、scikit-learn に付属している、ボストンの住宅価格のサンプルデータを試してみます。データ内容の詳細は、データに付属している description で読むことができます。**リスト 7-11** 中の print(dset.DESCR) のコメントマーク# をはずして、プリントしてみてください。

データは pandas の DataFrame として読み出しますが、説明変数に当たるさまざまな環境因子部分 data と、目的変数に当たる住宅価格部分 target に分かれています。リスト 7-11 では、変数 dset に読み出しておいて、dset.data と dset.target でそれぞれ説明変数 boston と目的変数 target に拾っています。重回帰分析は単回帰のときと同様、model.fit で行われ、傾き model.coef_ と切片 model.intercept_ を読み出すことができます。表示を分かりやすくするために、print 文で名前付けと昇順のソートをしています。

7.2 従属関係の分析 ～ 回帰分析

■ リスト7-11　scikit-learn の linear_model を使った重回帰分析の例（ボストンの住宅価格）

```
# -*- coding: utf-8 -*-
# scikit-learn linear_modelを使ったボストン住宅価格の線形回帰
import numpy as np
import pandas as pd
import matplotlib.pyplot as plt
from sklearn import linear_model, datasets
dset = datasets.load_boston()
# print(dset.DESCR)
boston = pd.DataFrame(dset.data)
boston.columns = dset.feature_names
target = pd.DataFrame(dset.target)

model = linear_model.LinearRegression()
model.fit(boston, target)
# 偏回帰係数
print(pd.DataFrame(\
     {"Name":boston.columns,\
      "Coefficients":model.coef_[0]}).sort_values(by='Coefficients').round(4) )
# 切片（誤差）
print('intercept', model.intercept_[0].round(4))
# 出力結果は
#     Coefficients      Name
# 4       -17.7958       NOX
# 7        -1.4758       DIS
# 10       -0.9535   PTRATIO
# 12       -0.5255     LSTAT
# 0        -0.1072      CRIM
# 9        -0.0123       TAX
# 6         0.0008       AGE
# 11        0.0094         B
# 2         0.0209     INDUS
# 1         0.0464        ZN
# 8         0.3057       RAD
# 3         2.6886      CHAS
# 5         3.8048        RM
# intercept 36.4911 r2 0.7406
```

　説明変数 RM（1住居当たりの部屋数）が最も強く住宅価格を押し上げる要因になっており、NOX（NOx の汚染）が最も強いマイナス要因になっていることが分かります。

189

第 7 章　多次元データの解析（1）〜2 つの量の関係

7.3　質的変数の関係

7.3.1　2 つの質的変数の連関

　2 つの質的変数があるときに、その間の関係性を確かめたいことがあります。ここまでの節では、量的な変数（連続的な値を取る数値データ）の関係性を表す指標としての相関係数（ピアソンの積率相関係数）を見てきましたが、質的な変数についても関係（この場合**連関**と呼ぶ）を示す指標がいろいろと考えられています[*2]。

　量的変数ではヒストグラムの形で頻度分布を描きましたが、質的変数では**分割表**（contingency table、**クロス集計表**）を用います。分割表は、2 つ以上の質的変数（順序尺度だけでなく、名義尺度つまり量的な大小関係がない場合も含めて）の間の関係を記録し分析するために用いる表です。たとえばアンケートで多くの項目について選択肢で尋ねたとき、その各項目が質的変数となって、それを集計して特定の項目の間の関係（クロスの関係）を表にすると、分割表（クロス集計表）になります。たとえば 2×2 の場合、**表 7-1** の左側（a）のような形をした表になります。右側の表（b）は行ごとの集計を右に、列ごとの集計を下に、全体の集計を右下に書き足した形で、これもよく用いられます。

	B1	B2
A1	a	b
A2	c	d

	B1	B2	計
A1	a	b	sa1
A2	c	d	sa2
計	sb1	sb2	S

■ 表 7-1　分割表の形

[*2]　質的なデータに関する分析のうち、適合度検定つまりサンプルが理論上モデルとした確率分布に従っていることの検定と、独立性の検定つまり 2 つの変数が独立であるかどうかの検定については、6.2.5 項で説明しています。本節では 2 つのデータの間の連関を分析します。

7.3 質的変数の関係

例として、タイタニック号遭難データ[*3]を見てみます。データは

	Class	Sex	Age	Survived
1	1st	Male	Child	No
2	2nd	Male	Child	No
3	3rd	Male	Child	No
4	Crew	Male	Child	No
5	1st	Female	Child	No
	(以下略)			

のように、1人1人の乗客の情報が書かれた形になっています。それぞれの欄の意味は

Class（船室等級）	1st（一等）、2nd（二等）、3rd（三等）、Crew（船員）
Sex（性別）	Male（男性）、Female（女性）
Age（年齢）	Child（子供）、Adult（大人）
Survived（生還か）	Yes（生還）、No（死亡）

です。

　このデータを集計して、たとえば二等船室・大人のデータを選んで、その中での性別と生還か死亡かを分けて分割表（クロス集計表）にしたのが、**表7-2** です。この例は 2×2 の分割表ですが、一般的に $m \times n$ の表が可能です。

	生還	死亡
男性	154	14
女性	13	80

■ 表 7-2　タイタニック号遭難データ、二等船室・大人の乗客の生死

　この例にある男性か女性か、生還か死亡か、という質的なデータについて、連関があるかを調べたいわけです。このデータでは一目で明らかに男性の方が生還率が高い、助かっている、ということが読み取れますが、これを統計の上で男女と生死に連関があると言えるかどうかを調べるというのが狙いです。

---

*3　後述するように R のサンプルデータとして入手できます。
　　https://stat.ethz.ch/R-manual/R-devel/library/datasets/html/Titanic.html を参照。

191

第 7 章　多次元データの解析（1）〜2つの量の関係

ファイ係数（ϕ 係数）

　ファイ係数は、2×2 の分割表の連関を示す係数で、2つの定義がありますがそれぞれ同値です[*4]。

● それぞれの軸の値を 0/1 として（連続値のときと同じ）ピアソンの積算相関係数を計算する方法

　連続変数（量的変数）の相関係数は

$$r_{xy} = \frac{\displaystyle\sum_{i=1}^{n}(x_i - \overline{x})(y_i - \overline{y})}{\sqrt{\displaystyle\sum_{i=1}^{n}(x_i - \overline{x})^2}\sqrt{\displaystyle\sum_{i=1}^{n}(y_i - \overline{y})^2}} = \frac{s_{xy}}{s_x s_y}$$

ただし s_x、s_y は x、y の標準偏差、s_{xy} は x と y の共分散

　で表されますが、ファイ係数は2つの二値変数をそれぞれ値 0・1 に置き直したものを、そのままこの式に当てはめて計算したものです。

● 計算式

$$P = \frac{(ad - bc)}{\sqrt{(a+b)(c+d)(a+b)(c+d)}}$$

ただし、a, b, c, d は表 7-1 の内容

　上記の表 7-2 のタイタニック号遭難の例で、ファイ係数を計算してみます。まず、計算式

$$P = \frac{(ad - bc)}{\sqrt{(a+b)(c+d)(a+c)(b+d)}}$$

によって計算すると

[*4]　これらが等しいことは、東京大学　上田博人先生の言語データ分析の授業資料『言語研究のための数値データ分析法』の第 6 章「関係」（https://lecture.ecc.u-tokyo.ac.jp/~cueda/gengo/4-numeros/doc/n6-kankei.pdf）の 17 ページにある式変形で証明されています。

$$P = \frac{(ad - bc)}{\sqrt{(a+b)(c+d)(a+c)(b+d)}}$$

$$= \frac{(154 \times 80 - 14 \times 13)}{\sqrt{(154+14)(13+80)(154+13)(14+80)}}$$

$$= 0.775$$

となり、かなり相関が高いという結論になります。

　同じことを、ピアソンの積算相関係数を計算して求めてみます。プログラムは**リスト 7-12** に示しています。この方法では、質的データを 0 と 1 に変換して積率相関係数を求めます。データは幸いなことに 0/1 で表現されているので、変換のための手続きは必要ありませんでした。もしデータが「大人」「子供」といった表記で書かれている場合は、これを 0/1 に変換する必要があります。

　相関係数の計算は、numpy の corrcoef() を使いました。結果は計算式の場合と同じく、0.775 を得ました。

■ リスト 7-12　タイタニック号遭難のデータで相関を計算する例

```python
import pandas as pd
import numpy as np
from rpy2.robjects import pandas2ri
pandas2ri.activate()
from rpy2.robjects import r
# RのTitanicのデータを使う。
# https://stat.ethz.ch/R-manual/R-devel/library/datasets/html/Titanic.html
# 5次元の配列で、内容は (船室等級, 性別, 年齢, 生還/死亡, 人数) の表なので、
# これを元の1人1人のデータの形に変換してから、ピアソンの積率相関係数を計算する。

t = r["Titanic"]
# 人数のデータから、それぞれの客の(船室等級, 性別, 年齢, 生還/死亡)のデータを生成する。
# tのそれぞれの人数は整数ではなく小数で入っているので、int()で整数に直して用いる。
z = [[[i,j,k,l]]*(int(t[i,j,k,l])) \
    for i in range(4) for j in range(2) for k in range(2) for l in range(2)]
# 二重のリストになっているので、一重に展開する。
tdata = []
for v in z:
    tdata.extend(v)
# コラム名を付けてデータフレームに変換する。
tt = pd.DataFrame(tdata, columns=['客室', '性別', '年齢', '生還'])
# 本文どおり、二等船室で大人の乗客のみを取り出す。
ttx = tt[(tt['客室']==1) & (tt['年齢']==1)]
# numpyのcorrcoefを使って、積率相関係数（行列）を計算し、[0,1]要素を取り出す。
print(np.corrcoef(ttx['性別'],ttx['生還'])[0][1].round(4))

# 実行結果は、0.775
```

第7章　多次元データの解析（1）〜2つの量の関係

もう1つ同じような例でファイ係数を求めてみます。

たとえば、10人にリンゴとミカンの好き嫌いを尋ねたところ、次の結果を得たとします。

リンゴ	嫌い	好き	嫌い	嫌い	好き	嫌い	好き	好き	嫌い	嫌い
ミカン	好き	好き	嫌い	嫌い	嫌い	嫌い	好き	好き	嫌い	嫌い

これを、リンゴ・ミカンそれぞれにおいて「好き」を1、「嫌い」を0と置き換えて、相関係数を計算します。

リンゴ	0	1	0	0	1	0	1	1	0	0
ミカン	1	1	0	0	0	0	1	1	0	0

リスト7-13にあるプログラムで相関係数を計算すると、0.583となるので、やや強い正の相関があると言えます。

■ リスト7-13　リンゴとミカンの好き嫌いの相関

```
# -*- coding: utf-8 -*-
import numpy as np
apple = [0,1,0,0,1,0,1,1,0,0]
orange= [1,1,0,0,0,0,1,1,0,0]
print('リンゴの平均値', np.mean(apple), 'ミカンの平均値', np.mean(orange))
print('相関係数', np.corrcoef(apple, orange)[0,1].round(4))
#
# 実行結果は
# リンゴの平均値 0.4 ミカンの平均値 0.4
# 相関係数 0.5833
```

質的変数の中でも、順位が付いている順序尺度の変数の場合には、以下に紹介するような指標を計算することができます。

7.3 質的変数の関係

グッドマン・クラスカルのγ係数とケンドールの順位相関係数（τ）

変数の組 (x_i, y_i) について、同順位がない場合に、相関図にデータ点を描いたとき
に2つのデータ点 (x_i, y_i) と (x_j, y_j) が

- 右上がり、つまり $x_i < x_j$ かつ $y_i < y_j$ であるか $x_j < x_i$ かつ $y_j < y_i$ のペア
  の個数を C（Concordant の略）
- 右下がり、つまり $x_i < x_j$ かつ $y_i > y_j$ であるか $x_j < x_i$ かつ $y_j > y_i$ のペア
  の個数を D（Discordant の略）

を数えて計算した

$$\gamma = \frac{C - D}{n \cdot (n-1)/2} = \frac{C - D}{C + D} \qquad （n はすべての点の数）$$

を**グッドマン・クラスカルのγ（ガンマ）係数**と呼びます。分母はすべての点のペア
の数（2つの点の組合せの数、つまり $_nC_2$）です。

グッドマン・クラスカルのγ係数は同順位の場合があると使えないので、同順位に
対応した**ケンドールのτ**が提案されています。定義は上記の C と D に加えて

- x_i の中で同順位である要素を含む対の数を T
- y_i の中で同順位である要素を含む対の数を U

を考え

$$\tau = \frac{C - D}{\sqrt{n \cdot (n-1)/2 - T} \times \sqrt{n \cdot (n-1)/2 - U}}$$

とします。同順位の場合がなければ、つまり $T = U = 0$ ならば、ケンドールのτは
グッドマン・クラスカルのγと等しくなります。また、すべてが C であればτは1
に、すべてが D であれば -1 になります。

たとえば、英語と数学のテストの順位が、**表7-3** のような結果であったとします。

195

第7章　多次元データの解析（1）～2つの量の関係

生徒	英語	数学
1	1	2
2	2	1
3	3	3
4	4	4
5	5	5
6	6	7
7	7	6
8	8	8
9	9	9
10	10	11

生徒	英語	数学
11	11	10
12	12	13
13	13	18
14	14	12
15	15	23
16	16	14
17	17	19
18	18	16
19	19	20
20	20	15

生徒	英語	数学
21	21	17
22	22	21
23	23	25
24	24	24
25	25	22
26	26	27
27	27	26
28	28	29
29	29	28
30	30	30

■ 表 7-3　英語と数学の順位の例

　この中の、2 人の生徒 i と j の数学と英語を見たときに、数学も英語も生徒 i より生徒 j の方が順位が高いような i と j の組合せの数を数えて C とし、生徒 i は j より数学は高いが英語は低いような i と j の組合せの数を数えて D とします。この例では $C = 407$、$D = 28$ となっていました。合計 $C + D$ はすべての組合せで $30 \times 29/2 = 435$ のはずです。この例では同順位はないため、ケンドールの τ で T と U が 0 の場合になるので

$$\tau = \frac{407 - 28}{407 + 28} = 0.871$$

となります。元のデータを見ても、数学の成績順位と英語の成績順位がほとんど一致していることが分かります。

　Python では scipy の stats モジュールの中に、ケンドールの τ を計算する kendalltau 関数があります。これを使ったプログラムをリスト 7-14 に示します。結果は、$\tau = 0.8713$ になりました。かなり相関が高いと言えるでしょう。

7.3 質的変数の関係

■ リスト 7-14　ケンドールの τ

```
# Kendall Tau Example
# -*- coding: utf-8 -*-
import numpy as np
import scipy.stats as st
rank1 = [
    (1, 2), (2, 1), (3, 3), (4, 4),
    (5, 5), (6, 7), (7, 6), (8, 8),
    (9, 9), (10, 11), (11, 10), (12, 13),
    (13, 18), (14, 12), (15, 23), (16, 14),
    (17, 19), (18, 16), (19, 20), (20, 15),
    (21, 17), (22, 21), (23, 25), (24, 24),
    (25, 22), (26, 27), (27, 26), (28, 29),
    (29, 28), (30, 30)
]
x = [u[0] for u in rank1]
y = [u[1] for u in rank1]
tau, p_value = st.kendalltau(x, y)
print('tau', tau.round(4), 'p値', p_value)
# 出力結果は
# tau 0.8713 p値 1.3633427475e-11
```

　別の例として、順序尺度のサンプルが分割表の形に整理されている場合を考えます。たとえば、賛成・反対や好き・嫌いなどの尺度でのアンケート調査で、集計後の**表 7-4** のような結果がある場合です。この例では、（賛成）＞（どちらでもない）＞（反対）のような順序関係を想定できます。

	案件 A に賛成	どちらでもない	反対
案件 B に賛成	91	284	22
どちらでもない	35	106	6
反対	52	55	10

■ 表 7-4　アンケート結果の分割表

　この分割表に整理済みのデータを使って、右上がりの組合せの数 C を数えるためには、次のように考えます。まず、分割表の行・列の並び方が、散布図で描くときの右方向・上方向が値が大きいという軸の向きと異なるので、分かりやすくするために同じにしておきます。この変形は見た目だけの工夫で、計算上の本質ではありません。その結果が**表 7-5** です。

197

第7章　多次元データの解析（1）〜2つの量の関係

	反対	どちらでもない	案件 A に賛成
案件 B に賛成	22 (a)	284 (b)	91 (c)
どちらでもない	6 (d)	106 (e)	35 (f)
反対	10 (g)	55 (h)	52 (i)

■ 表 7-5　アンケート結果の分割表（横軸を反転した）

　この表7-5で、2つの要素を取ったときの右上がり・左上がりの対の数を数えます。右上がりでは、d→b、d→c、e→c、g→e、g→f、g→b、g→c、h→f、h→c の組が当たります。それ以外の組は右上がりになりません。それぞれの組は両端の数の積が組合せ数になります。たとえば、b（6個）→d（284個）の組は 6×284 の対があります。これらの和が右上がりの対の数 C になります。結果は $C = 23{,}986$ となりました。

　同様に、右下がりの対は、a→e、a→f、a→h、a→i、b→f、b→i、d→h、d→i、e→i の組が当たります。同様に両端の数を掛けたものの和が右下がりの対の数 $D = 36318$ になります。

　同順位のペアは、行ごと（Aへの賛否が同順位）と列ごと（Bへの賛否が同順位）を考える必要があります。行ごとには、a（A賛成、B賛成）と同順位なのはB賛成の行にあるすべての要素からの対ですから、a（A賛成、B賛成）+b（A中立、B賛成）+c（A反対、B賛成）の中から2つ（1対）を選ぶ組合せの数 ${}_{a+b+c}\mathrm{C}_2 = (a+b+c) \times (a+b+c-1)/2$ になります。同様に他の行も ${}_{d+e+f}\mathrm{C}_2$ および ${}_{g+h+i}\mathrm{C}_2$ として計算できます。これらの和が T になります。値は $T = 96{,}123$ でした。

　同様に、列ごとで考えた同順位ペアは、同じ考え方で ${}_{a+d+g}\mathrm{C}_2$、${}_{b+e+h}\mathrm{C}_2$、${}_{c+f+i}\mathrm{C}_2$ になり、これらの和が U になります。$U = 115{,}246$ となりました。

　また、全要素の中から2個を対にする組合せの数は、$n = a+b+c+d+e+f+g+h+i$ とすると

$$S = {}_n\mathrm{C}_2 = \frac{n!}{(n-1) \cdot 2} = \frac{n \cdot (n-1)}{2} = 218{,}130$$

　これらを使って

$$\tau = \frac{C - D}{\sqrt{S - T} \times \sqrt{S - U}} = -0.1101$$

が得られます。

7.3　質的変数の関係

　これを計算するプログラムとして、**リスト 7-15** に上記の式から求める手続きを示します。また**リスト 7-16** は、分割表から元になったアンケートデータを再生成し、それを scipy の stats にあるライブラリ kendalltau を用いて計算しているプログラムです。アンケートの元データが入手できるのであればそれをそのまま使うことができます。いずれも、τ の値として -0.1101 を得ており、相関係数としてみるとほとんど相関がないと言える程度になっています。

■ リスト 7-15　ケンドールの τ を分割表のセルの値から計算するプログラム例

```
# -*- coding: utf-8 -*-
# 分割表のセルの値からケンドールのタウを計算する例
import math
import pandas as pd
import numpy as np
import scipy.stats as st
def comb(u):
    # 個数ベクトルu=[a,b, ... n]のデータ点から2つを取る組合せ数  a+b+...+nC2を計算する関数
    return sum(u)*(sum(u)-1)/2

# このdは分割表を、散布図と同じような軸方向に並べ替えたもの
d = np.array([ [ 22 , 284 , 91 ],
[ 6 , 106 ,  35 ],
[ 10 ,  55 , 52 ] ] )
# CとDの計算、ここでは1つ1つ数えた
C = d[0,2]*(d[1,0]+d[2,0]+d[1,1]+d[2,1]) + \
    d[0,1]*(d[1,0]+d[2,0])+d[1,2]*(d[2,0]+d[2,1]) + d[1,1]*d[2,0]
D = d[2,2]*(d[0,0]+d[0,1]+d[1,0]+d[1,1]) + \
    d[2,1]*(d[0,0]+d[1,0])+d[1,2]*(d[0,0]+d[0,1]) + d[1,1]*d[0,0]
# UとSの計算
U = comb(d[0,:]) + comb(d[1,:]) + comb(d[2,:])
S = comb(d[:,0]) + comb(d[:,1]) + comb(d[:,2])
# すべての要素から2つを取る対の組合せの数allを計算
all = sum(sum(d))*(sum(sum(d))-1)/2
print('C', C, 'D', D, 'U', U, 'S', S, 'all', all)
# これらより、ケンドールのタウを計算
ttau = (C-D)/(math.sqrt(all-U)*math.sqrt(all-S))
print('ttau', ttau.round(4))
# 出力結果は
# C 23986 D 36318 U 96123.0 S 115246.0 all 218130.0
# ttau -0.1101
```

199

第 7 章　多次元データの解析（1）～2 つの量の関係

■ リスト 7-16　ケンドールの τ を scipy.stats.kendalltau によって計算するプログラム例

```
# -*- coding: utf-8 -*-
# 分割表からデータを生成し、それをscipy.stats.kendalltauによって計算する例
import numpy as np
import scipy.stats as st

d = np.array([ [ 91 , 284 , 22 ],
[ 35 , 106 ,  6 ],
[ 52 ,  55 , 10 ] ] )
# dの分割表に従うデータを生成するループ
z = [[[i,j]]*(d[i,j]) for i in range(3) for j in range(3)]
# zを二重リストから平らなリストに変換する
tdata = []
for v in z:
    tdata.extend(v)
# kendalltauの入力はxの値のベクトルとyの値のベクトルなのでそれに合わせる
x = [u[0] for u in tdata]
y = [u[1] for u in tdata]
# kencalltauを呼び出す。結果はtauとp値が返る
tau, p_value = st.kendalltau(x, y)
print('tau', tau.round(4), 'p値', p_value)
# 出力結果は
# tau -0.1101 p値 2.29971067849e-05
```

χ^2 とクラメールの連関係数 V

観測値を O、理論値（期待値）を E とするとき、χ^2 は

$$\chi^2 = \sum \frac{(O-E)^2}{E}$$

と定義され、分割表で適合度検定・独立性検定（6.2 節を参照）に用いられます。

カテゴリー $[1, \cdots, i, \cdots, k]$ に対して、O_i は観測度数 f_i を、E_i は理論的に予測される度数つまり総観測度数 n と理論上の発生確率 p_i の積 np_i を用いて計算できます。置き換えると

$$\chi^2 = \sum_{i=1}^{k} \frac{(f_i - np_i)^2}{np_i}$$

となります。

クラメールの連関係数は、χ^2 をピアソンのカイ二乗検定で得られる値、N をデータの総数、k を行数・列数の少ない方とすると

$$V = \sqrt{\frac{\chi^2}{N \times (k-1)}}$$

と定義されます。2×2 の分割表の場合、$k = 2$ となるので

$$V = \sqrt{\frac{\chi^2}{N}}$$

となります。なお、2×2 の分割表の場合に限り、クラメールの連関係数 V とファイ係数 ϕ の絶対値は一致します。つまり、$V = \sqrt{\frac{\chi^2}{N}} = |\phi|$ となります。

スピアマンの順位相関係数

連続変数に対するピアソンの（積率）相関係数の算出法を、順序尺度の場合に適用したものです。順位を数値としておいて、ピアソンの相関係数を計算します。

$$\rho = 1 - \frac{6\sum_i d_i{}^2}{n(n^2 - 1)}$$

ただし、n はデータの個数、d_i は順位の差とし、同順位は存在しないとします。なお、連続変数に対するピアソンの相関係数と異なる点として、検定の際にピアソンの相関係数は母分布が正規分布であると仮定しますが、スピアマンの順位相関係数は分布の形を仮定しないで検定できるノンパラメトリックな指標になっています。

この式は、ピアソンの相関係数の定義から単純に式変形で導出されます。

$$\begin{aligned}
r_{xy} &= \frac{s_{xy}}{s_x \cdot s_y} \\
&= \frac{(1/n)\sum(x_i - \overline{x})(y_i - \overline{y})}{\sqrt{(1/n)\sum(x_i - \overline{x})^2 \times (1/n)\sum(y_i - \overline{y})^2}} \\
&= \frac{\sum x_i \cdot y_i - n\overline{x} \cdot \overline{y}}{\sqrt{\sum(x_i{}^2 - n\overline{x}^2) \times \sum(y_i{}^2 - n\overline{y}^2)}}
\end{aligned}$$

ここで、x の個数 $= y$ の個数 $= n$ で同順位がないとすると

$$\sum x_i = \sum y_i = n(n+1)/2$$
$$\sum x_i{}^2 = \sum y_i{}^2 = n(n+1)(2n+1)/6$$
$$\overline{x} = (n+1)/2 \qquad \overline{y} = (n+1)/2$$

であるので

第 7 章　多次元データの解析（1）〜 2 つの量の関係

$$
\begin{aligned}
r_{xy} &= \frac{\sum x_i y_i - n((n+1)^2/4)}{n(n+1)(n-1)/12} \\
&= \frac{12 \cdot \sum x_i y_i - 3n \cdot (n^2 + 2n + 1)}{n(n+1)(n-1)} \\
&= 1 - \frac{-12 \cdot \sum x_i y_i + 3n \cdot (n^2 + 2n + 1) + n(n+1)(n-1)}{n(n+1)(n-1)} \\
&= 1 - \frac{1}{n(n+1)(n-1)} \cdot (-12 \cdot \sum x_i y_i + 3n \cdot (n+1)^2 + n(n+1)(n-1)) \\
&= 1 - \frac{6}{n(n+1)(n-1)} \cdot (-2 \cdot \sum x_i y_i + (1/6)n(n+1)(3(n+1)+(n-1))) \\
&= 1 - \frac{6}{n(n+1)(n-1)} \cdot (-2 \cdot \sum x_i y_i + (1/6)n(n+1)(2n+1)) \\
&= 1 - \frac{6}{n(n+1)(n-1)} \cdot (-2 \cdot \sum x_i y_i + 2\frac{n(n+1)(2n+1)}{6})) \\
&= 1 - \frac{6}{n(n+1)(n-1)} \cdot (-2 \cdot \sum x_i y_i + \sum x_i^2 + \sum y_i^2)) \\
&= 1 - \frac{6}{n(n+1)(n-1)} \cdot (\sum x_i^2 + \sum y_i^2) + -2 \sum x_i y_i) \\
&= 1 - \frac{6}{n(n^2 - 1)} \cdot \sum (x_i - y_i)^2
\end{aligned}
$$

　Python で計算するのは、上記の導出の計算式どおりに計算することもできますし、scikit-learns の stats にあるパッケージ spearmanr によっても計算できます。両方を使ったプログラム例を**リスト 7-17** に示します。

■ リスト 7-17　スピアマンの順位相関係数の計算例

```python
import numpy as np
import scipy.stats
# 自前で計算する関数rank_corrcoef
def rank_corrcoef(data):
    n = len(data)
    d = 0
    for x, y in data:
        d += (x - y) ** 2
    return 1.0 - 6.0 * d / (n ** 3 - n)
# 順位の値を与えるサンプルデータ
rank1 = [
    (1, 2), (2, 1), (3, 3), (4, 4),
    (5, 5), (6, 7), (7, 6), (8, 8),
    (9, 9), (10, 11), (11, 10), (12, 13),
    (13, 18), (14, 12), (15, 23), (16, 14),
    (17, 19), (18, 16), (19, 20), (20, 15),
    (21, 17), (22, 21), (23, 25), (24, 24),
```

202

```
    (25, 22), (26, 27), (27, 26), (28, 29),
    (29, 28), (30, 30)
]
# 自前の関数rank_corrcoefを使った例
print('rank_corrcoefの出力', round(rank_corrcoef(rank1), 4))

# scipy.statsのspearmanrを使った例。戻り値はrhoとp値の2つ
rho, p = scipy.stats.spearmanr(rank1)
print('rho', rho.round(4), 'p値', p)

# 実行結果は
# rank_corrcoefの出力 0.9617
# rho 0.9617 p値 2.79517615013e-17
```

　与えたデータが、たとえばそれぞれの生徒の数学の順位と理科の順位だとすると、明らかに数学と理科の順位は相関がある、数学の順位が高ければ理科の順位も高い、という関係を見て取ることができます。実行結果で見ると順位相関係数は 0.96 と非常に高く、また p 値も十分低くなって無相関という帰無仮説が棄却されることが分かります。

第 **8** 章

多次元データの解析（2）
～少ない次元で説明する

第7章では2つの量の関係を分析しましたが、本章では多くの次元のデータが絡まった現象の分析を扱います。多くの次元のデータが絡まった現象の分析を**多変量解析**と呼び、いろいろな手法が使われていますが、本書ではその中から、少ない次元数で現象を説明しようとする主成分分析と因子分析を紹介します。

多くの次元の絡まった現象は、そのまま理解するには複雑すぎることが多くあります。現象を決める要因を2～3個に絞って、それによってほぼ全体が説明できれば、理解の助けになります。本章で取り上げる分析手法は、データが広がる（ばらつく）要因を探す、具体的にはデータの分散を最もよく表す要因の組合せを見つけて、その組み合わせた要因を新しい座標軸として取ることによって、複雑な現象を少ない次元で表すことができます。

8.1 主成分分析

　主成分分析は、多次元の変数を結合して、なるべく少ない次元でデータ全体の特徴を表そう、説明しようとする手法で、「次元の圧縮」ということができます。2次元や3次元のデータであれば、グラフを描いて全体をつかむことができますが、それ以上の変数の次元があると感覚的につかむことが難しくなります。もしうまく2～3次元の変数に圧縮して説明ができれば、図を描くことができ、理解しやすくなります。

　例を考えてみましょう。身長と体重の間にはかなり強い正の相関があります。もちろん、同じ身長でも体重の多い人と少ない人があり、年齢によっても子供と大人、若者と中年と老人ではいろいろと違うため幅はあるかもしれませんが、それでも正の相関があります。そうだとすると、身長と体重の一方を指定すれば、他方は従属的に値が決まるということになります。つまり、値を指定するのに2つは、1つで済むということになります。2次元のデータが1次元に圧縮できるということです。

　第7章で相関を理解するのに、散布図上で回帰直線を引きました。回帰直線はそれに沿ってデータが散らばっているので、回帰直線が横軸になるように座標を回転すると、横軸が（主な）散らばりの向き、縦軸がそれと直角な向きになります（**図 8-1**）。そうすると、横軸の位置がデータ全体の中での大まかな位置を表し、縦軸の位置は大まかな位置からのずれを表すと解釈できます。主成分分析は、このように座標を回転して、データの大まかな位置付けを最もうまく表す方向にその向きを決める、ということを行います。この横軸のことを第1主成分と呼びます。データの次元数が3次元

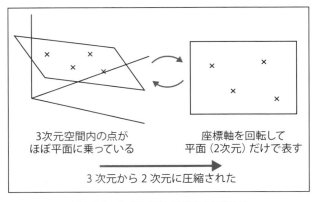

■ 図 8-1　主成分分析は座標軸を回転する

8.1 主成分分析

であれば、まだ 2 次元の自由度があります。その残った 2 次元の中で同じように主た
る成分とそれに直行する成分に分けることができます。これを第 2 主成分と呼びま
す。散布図を見て分かるように、第 1 主成分は成分のばらつきが最も大きくなる方向
に取り、これによって大まかな位置付けが最もよく分かるということになります。

数値例 8-1 iris の主成分分析

> データ解析の参考書によく出されるフィッシャーのあやめ（iris）の例を見てみ
> ましょう。あやめの花は、大きな花びらに見える 3 枚が「がく片」（sepal、正
> 式には「外花被片」）で、中央に立っているやや小さい花びら 3 枚が「花びら」
> （petal、花弁、正式には「内花被片」）だそうですが、それぞれの「長さ」と「幅」
> を測ったデータがあります。3 品種のあやめ、setosa、versicolor、virginica につ
> いて測定し、種間の花びらの形態の違いが議論されているのだそうです[*]。デー
> タは、3 品種それぞれから 50 個の花について（計 150 個）がく片・花びらの長さ
> と幅（4 データ）があります。**図 8-2** は、花びらの長さと花びらの幅を軸にとっ
> て描いた 2 次元の散布図ですが、3 品種を区別するのにこの 2 つだけの組合せで
> かなりうまく区別できています。しかし細かく見ると、分布の重なりがあって品
> 種を区別しづらい部分があります。参考に、この散布図を描くプログラムを**リス
> ト 8-1** に示します。これを、4 つの座標軸を回転することによって、2 軸に射影
> したときの散布図が 3 つの品種の区別をよく表すためにはどう回転したらよい
> か、というのが主成分分析の狙いです。
>
> ---
>
> [*] データの出典：Fisher, R.A. "The use of multiple measurements in taxonomic problems" Annual Eugenics,
> 7, Part II, 179-188, 1936.
> [*] 研究の出典：Anderson E. "The Species Problem in Iris" Annals of the Missouri Botanical Garden
> 23:457-509, 1936.

■ リスト 8-1　iris データの花びらの長さ・幅の散布図を描くプログラム例

```
# -*- coding: utf-8 -*-
# irisデータの花びらの長さ・幅の散布図を描くプログラム
import numpy as np
import matplotlib.pyplot as plt
from sklearn.datasets import load_iris
import pandas as pd
iris = load_iris()    # irisデータを読み込む。iris.data、iris.target、iris.DESCRからなる
species = ['Setosa','Versicolor', 'Virginica']
irispddata = pd.DataFrame(iris.data, columns=iris.feature_names)
irispdtarget = pd.DataFrame(iris.target, columns=['target'])
```

207

```
irispd = pd.concat([irispddata, irispdtarget], axis=1)
irispd0 = irispd[irispd.target == 0]
irispd1 = irispd[irispd.target == 1]
irispd2 = irispd[irispd.target == 2]
plt.scatter(irispd0['petal length (cm)'], irispd0['petal width (cm)'], c='red', \
        label=species[0], marker='x')
plt.scatter(irispd1['petal length (cm)'], irispd1['petal width (cm)'], c='blue', \
        label=species[1], marker='.')
plt.scatter(irispd2['petal length (cm)'], irispd2['petal width (cm)'], c='green', \
        label=species[2], marker='+')
plt.title('iris散布図')
plt.xlabel('花弁の長さ(cm)')
plt.ylabel('花弁の幅(cm)')
plt.legend()
plt.show()
```

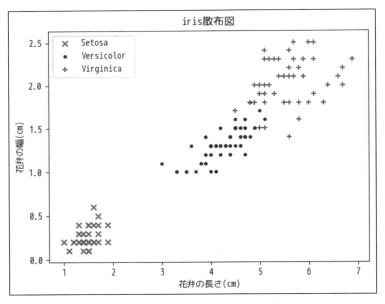

■ 図 8-2　iris データの花びらの長さ・幅の散布図

　主成分を求める計算の原理を、単純な場合を例にして紹介します。実際のデータでの計算はプログラムパッケージで行うので、利用する場合に原理が必要になることはありません。

　簡単にするため、2 次元（2 変量）のデータから第 1 主成分の方向を計算する方法を考えます。主成分の方向は、主成分の軸の上で分散が最大になる（つまりデー

タ点が最もばらけて、よく表される）方向に決めます。つまり、軸変換後の分散を計算して、それを最大化する方向を決めればよいわけです。元の座標でのデータ点 $a_i = (a_x, a_y)_i$ があるとき、（第 1）主成分軸への変換後の値を $z_i = (e_x \cdot a_{xi}, \, e_y \cdot a_{yi})$ を考えます。(e_x, e_y) は主成分軸を表す単位ベクトルです。

このとき、主成分の分散 V は

$$
\begin{aligned}
V &= \frac{1}{n} \sum (z_i - \overline{z}) \qquad \text{ただし、} \overline{z} \text{ は } z \text{ の平均} \\
&= \frac{1}{n} \sum ((e_x a_{xi} + e_y a_{yi}) - (e_x \overline{a_x} + e_y \overline{a_y}))^2 \\
&= \frac{1}{n} \sum ((e_x(a_{xi} - \overline{a_x}) + e_y(a_{yi} - \overline{a_y}))^2) \\
&= \frac{1}{n} \sum (e_x^2 (a_{xi} - \overline{a_x})^2 + 2 e_x e_y (a_{xi} - \overline{a_x})(a_{yi} - \overline{a_y}) + e_y^2 (a_{yi} - \overline{a_y})^2) \\
&= e_x^2 s_{xx} + 2 e_x e_y s_{xy} + e_y^2 s_{yy}
\end{aligned}
$$

ただし、最後の行は

$$
\begin{aligned}
\overline{a_x} &= \frac{1}{n} \sum a_{xi}, \quad \overline{a_y} = \frac{1}{n} \sum a_{yi} \\
s_{xx} &= \frac{1}{n} \sum (a_{xi} - \overline{a_x})^2, \quad s_{yy} = \frac{1}{n} \sum (a_{yi} - \overline{a_y})^2 \\
s_{xy} &= s_{yx} = \frac{1}{n} \sum (a_{xi} - \overline{a_x})(a_{yi} - \overline{a_y})
\end{aligned}
$$

で置き換えたものです。この分散 V を最大にする (e_x, e_y) を求めればよいわけです。このとき、(e_x, e_y) は単位ベクトルとしたので、$e_x^2 + e_y^2 = 1$ の制約条件下での最大化になります。

このような制約条件付きの最大化はラグランジュの未定乗数法によって解くことができます。未定乗数を λ と置いたとき

$$
L(e_x, e_y, \lambda) = e_x^2 s_{xx} + 2 e_x e_y s_{xy} + e_y^2 s_{yy} - \lambda(e_x^2 + e_y^2 - 1)
$$

を最大化する問題に帰着されるので、L を e_x、e_y、λ でそれぞれ偏微分して 0 と置くことで e_x, e_x を求めることができます。

$$
\frac{\partial L}{\partial e_x} = 2 e_x s_{xx} + 2 e_y sxy - 2 e_x \lambda = 0
$$

第 8 章　多次元データの解析（2）〜少ない次元で説明する

$$\frac{\partial L}{\partial e_y} = 2e_y s_{yy} + 2e_x sxy - 2e_y \lambda = 0$$

$$\frac{\partial L}{\partial \lambda} = -\lambda(e_x^2 + e_y^2 - 1) = 0$$

最後の式は常に成り立つので、上 2 つの式を e_x, e_y の連立方程式として解きます。行列で書くと

$$\begin{pmatrix} s_{xx} & s_{xy} \\ s_{yx} & s_{yy} \end{pmatrix} \begin{pmatrix} e_x \\ e_y \end{pmatrix} = \lambda \begin{pmatrix} e_x \\ e_y \end{pmatrix}$$

のようになり、実は共分散行列

$$\begin{pmatrix} s_{xx} & s_{xy} \\ s_{yx} & s_{yy} \end{pmatrix}$$

の固有値を求める問題になっています。固有値 λ は第 1 主成分上の分散に等しくなります。

　実際の計算はデータ点の数が多いので、プログラムで処理します。まず iris のデータを主成分分析してみます。元のデータが 4 つの成分を持つ（4 次元）ので、回転して最もデータのばらつきを表す軸から順に 4 つの軸を決めることができます。ここでは後に示す**リスト 8-2** のプログラムにより、次のような 4 つの主成分ベクトル（軸の向きのベクトル）が得られました（**表 8-1**）。

	pc1 （第 1 主成分）	pc2 （第 2 主成分）	pc3 （第 3 主成分）	pc4 （第 4 主成分）
第 1 次元	0.3616	−0.0823	0.8566	0.3588
第 2 次元	0.6565	0.7297	−0.1758	−0.0747
第 3 次元	−0.5810	0.5964	0.0725	0.5491
第 4 次元	0.3173	−0.3241	−0.4797	0.7511

■ 表 8-1　iris の 4 つの主成分ベクトル

　また、各主成分軸に回転した後に取り直した平均と分散は**表 8-2** のようになっています。

　分散を見ると、第 1 主成分軸の分散、つまり散らばり方が最も大きく、第 2、第 3、第 4 と次第に小さくなっています。それぞれの主成分軸の分散が分散の総和に占め

210

8.1 主成分分析

	pc1 （第 1 主成分）	pc2 （第 2 主成分）	pc3 （第 3 主成分）	pc4 （第 4 主成分）
平均	5.843	3.054	3.759	1.199
分散	4.197	0.241	0.078	0.025
寄与率	0.9246	0.053	0.0172	0.0052
累積寄与率	0.9246	0.9776	0.9948	1.

■ 表 8-2　iris の 4 つの主成分軸での平均、分散、寄与率、累積寄与率

る割合、言い換えると各主成分軸上のばらつきが元のデータ全体のばらつきに占める割合を、**寄与率**と呼びます。ここで求めた各主成分については、第 1 主成分からそれぞれ 0.9246、0.0530、0.0172、0.0052 となっており、第 1 主成分が全体のばらつきの 92% を説明し、残りの成分はほとんど影響しないということが分かります。寄与率の別の見方として、第 1 主成分から第 m 主成分までの寄与率の和を示した**累積寄与率**を示すこともあります。これは、何番目の主成分まで取ればばらつきがほぼ表現できるかを示す指標になります。この例題では累積寄与率は、0.9246、0.9776、0.9948、1.0000 なので、第 1 主成分のみでは 92%、第 2 主成分までを使うと 98%、第 3 主成分まで加えると 99% であることが分かります。もともと 4 次元しかないのですから、第 4 主成分まで加えれば 100% になります。

図 8-3 は、それぞれのデータ点を主成分の方向に合わせて回転した結果のうち、第 1 主成分（横軸、pc1）と第 2 主成分（縦軸、pc2）だけを取った（投射した）グラフです。注目したいのは、グラフの横軸と縦軸のスケールの違いです。横軸 pc1 は -3 から $+4$ まで広がっているのに対して、縦軸 pc2 は -1.0 から $+1.5$ までになっています。つまり、第 1 主成分の広がりに対して、第 2 主成分は広がりが少ない、散らばりの説明度合いが小さい、ということが分かります。

なお、この iris の主成分の散布図（図 8-3）を、元の（花びらの長さ、花びらの幅）で描いた散布図（図 8-2）と比較してみると、元の散布図を回帰直線の方向に第 1 主成分が合うように回転したことが分かります。

まとめると、主成分分析は、軸の回転、つまり座標の線形変換によって、最も散らばりをよく説明できる軸を選んでいます。その変換の方向を得て元のデータ点を変換すると同時に、回転してできた主成分の軸が、データの散らばりをどれだけ説明できるかを評価することができます。

第8章 多次元データの解析（2）〜少ない次元で説明する

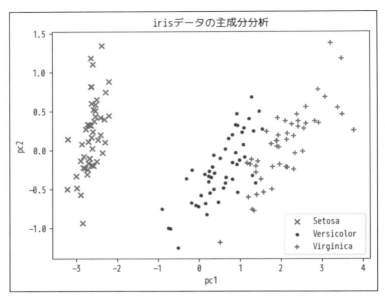

■ 図8-3　iris データの主成分分析の結果

　プログラム例をリスト8-2に示します。主成分分析の処理を行っているのは pca = PCA(...) と pca.fit(irisdata) の部分だけで、それ以降はグラフに表示するための処理を行っています。

■ リスト8-2　iris の主成分分析のプログラム例

```
# -*- coding: utf-8 -*-
# iris-pcaplot.py
import numpy as np
import pandas as pd
from sklearn.decomposition import PCA
from sklearn.datasets import load_iris
from matplotlib import pyplot as plt

colors = ['red', 'blue', 'green' ]
markers = ['x', 'point', 'plus' ]
# データを準備する
iris = load_iris()      # scikit-learnのデータライブラリからirisを読み込む
species = ['Setosa','Versicolor', 'Virginica']
irisdata = pd.DataFrame(iris.data, columns=iris.feature_names) # データ部分を取り出す
iristarget = pd.DataFrame(iris.target, columns=['target'])   # どの種かの情報を取り出す
irispd = pd.concat([irisdata, iristarget], axis=1) # 結合する
pca = PCA(n_components = 4)    # PCAクラスのインスタンス生成、成分数を4にする
pca.fit(irisdata)              # データ部分だけを主成分分析に与えて解析する
```

```
print('主成分', pca.components_.round(4) )      # 結果を表示
print('平均', pca.mean_.round(4) )
print('分散', pca.explained_variance_.round(4) )
print('共分散', pca.get_covariance().round(4))
print('寄与率', pca.explained_variance_ratio_.round(4) )
print('累積寄与率', np.cumsum(pca.explained_variance_ratio_).round(4) )
# 出力結果は
# 主成分 [[ 0.3616 -0.0823  0.8566  0.3588]
#  [ 0.6565  0.7297 -0.1758 -0.0747]
#  [-0.581   0.5964  0.0725  0.5491]
#  [ 0.3173 -0.3241 -0.4797  0.7511]]
# 平均 [ 5.8433  3.054   3.7587  1.1987]
# 分散 [ 4.2248  0.2422  0.0785  0.0237]
# 共分散 [[ 0.6857 -0.0393  1.2737  0.5169]
#  [-0.0393  0.188  -0.3217 -0.118 ]
#  [ 1.2737 -0.3217  3.1132  1.2964]
#  [ 0.5169 -0.118   1.2964  0.5824]]
# 各次元の寄与率 [ 0.9246  0.053   0.0172  0.0052]
# 累積寄与率 [ 0.9246  0.9776  0.9948  1.    ]

# 主成分に変換したデータ点をプロットする。表示色を変えるために品種ごとに分けて処理する
transformed0 = pca.transform(irisdata[irispd.target==0])
transformed1 = pca.transform(irisdata[irispd.target==1])
transformed2 = pca.transform(irisdata[irispd.target==2])
# scatterメソッドは、xとyを位置の揃った別のリストとして受け取るので、合うように加工
plt.scatter( [u[0] for u in transformed0], [u[1] for u in transformed0], \
    c='red', label=species[0], marker='x' )
plt.scatter( [u[0] for u in transformed1], [u[1] for u in transformed1], \
    c='blue', label=species[1], marker='.' )
plt.scatter( [u[0] for u in transformed2], [u[1] for u in transformed2], \
    c='green', label=species[2], marker='+' )
plt.title('irisデータの主成分分析')
plt.xlabel('pc1')
plt.ylabel('pc2')
plt.legend()
plt.show()
```

因子負荷量は、主成分に強く寄与している変数を見つけるのに役立つ量です。因子負荷量は、主成分 y が

$$y = h_1 x_1 + h_2 x_2 + \cdots + h_n x_n$$

と表されるとき、

$$(\sqrt{l}\, h_i, \sqrt{l}\, h_2, \cdots, \sqrt{l}\, h_n)$$

で表されます。ただし l は y の固有値（分散）です。上記の例で因子負荷量を求めると、**表 8-3** のようになっています。花弁の長さ、がくの長さ、がくの幅は第 1 主成分に対して大きな因子負荷を持っているので、これらが第 1 主成分の値を決めていることが分かります。

213

第 8 章　多次元データの解析（2）～少ない次元で説明する

	pc1	pc2
花弁長さ	0.8912	0.6352
花弁幅	−0.4493	1.5791
がく長さ	0.9917	0.036
がく幅	0.965	0.1116

■ 表 8-3　iris の 4 つの成分の因子負荷量

　それぞれのデータ点と因子負荷量を図にしたバイプロット（biplot）がよく使われます。Python のパッケージではバイプロットを描く関数がないので、R で行われているバイプロットをまねた作図をしてみました。プログラムは**リスト 8-3** に、結果は**図 8-4** に示します。

■ リスト 8-3　iris のバイプロットを描くプログラム例

```python
# -*- coding: utf-8 -*-
import math
import numpy as np
import pandas as pd
from sklearn.decomposition import PCA
from sklearn.datasets import load_iris
from matplotlib import pyplot as plt

from sklearn.decomposition import FactorAnalysis
from sklearn.preprocessing import scale

def biplot(score,coeff,pcax,pcay,labels=None):
# https://sukhbinder.wordpress.com/2015/08/05/biplot-with-python/を参考にして作成
    pca1=pcax-1
    pca2=pcay-1
    xs = score[:,pca1]
    ys = score[:,pca2]
    n=score.shape[1]
    scalex = 2.0/(xs.max()- xs.min())
    scaley = 2.0/(ys.max()- ys.min())
    #plt.scatter(xs*scalex,ys*scaley)
    for i in range(len(xs)):
        plt.text(xs[i]*scalex, ys[i]*scaley, str(i+1), color='k', ha='center', \
                va='center')
    for i in range(n):
        plt.arrow(0, 0, coeff[i,pca1], coeff[i,pca2],color='r',alpha=1.0)
        if labels is None:
            plt.text(coeff[i,pca1]* 1.10, coeff[i,pca2] * 1.10, "Var"+str(i+1), \
                    color='k', ha='center', va='center')
        else:
            plt.text(coeff[i,pca1]* 1.10, coeff[i,pca2] * 1.10, labels[i], \
                    color='k', ha='center', va='center')
```

```python
        plt.xlim(min(coeff[:,pca1].min()-0.1, -1.1), \
                max(coeff[:,pca1].max()+0.1, 1.1))
        plt.ylim(min(coeff[:,pca2].min()-0.1, -1.1), \
                max(coeff[:,pca2].max()+0.1, 1.1))
    plt.xlabel("PC".format(pcax))

    plt.ylabel("PC".format(pcay))
    plt.grid()
    plt.show()

iris = load_iris()
species = ['Setosa','Versicolor', 'Virginica']
irisdata = pd.DataFrame(scale(iris.data), columns=iris.feature_names)
iristarget = pd.DataFrame(iris.target, columns=['target'])
irispd = pd.concat([irisdata, iristarget], axis=1)
pca = PCA(n_components = 4)
pca.fit(irisdata)
print('主成分', pca.components_.round(4))
print('平均', pca.mean_.round(4))
print('分散', pca.explained_variance_.round(4) )
print('共分散', pca.get_covariance().round(4))
# 寄与率
print('各次元の寄与率', pca.explained_variance_ratio_.round(4))
print('累積寄与率', np.cumsum(pca.explained_variance_ratio_).round(4))
print('標準偏差\n', \
        pd.DataFrame([math.sqrt(u) for u in pca.explained_variance_]).T.round(4))
# 出力結果は
# 主成分 [[ 0.5224 -0.2634  0.5813  0.5656]
#  [ 0.3723  0.9256  0.0211  0.0654]
#  [-0.721   0.242   0.1409  0.6338]
#  [-0.262   0.1241  0.8012 -0.5235]]
# 平均 [-0. -0. -0. -0.]
# 分散 [ 2.9304  0.9274  0.1483  0.0207]
# 共分散 [[ 1.0067 -0.1101  0.8776  0.8234]
#  [-0.1101  1.0067 -0.4233 -0.3589]
#  [ 0.8776 -0.4233  1.0067  0.9692]
#  [ 0.8234 -0.3589  0.9692  1.0067]]
# 各次元の寄与率 [ 0.7277  0.2303  0.0368  0.0052]
# 累積寄与率 [ 0.7277  0.958   0.9948  1.    ]
# 標準偏差
#           0      1       2       3
# 0  1.7118  0.963  0.3852  0.144

u = pd.DataFrame([ [math.sqrt(u) for u in pca.explained_variance_] ] * 9)
u0 = u[0][0]
pca_components = pd.DataFrame(pca.components_)
x = pca.components_[0,:]*u0
y = pca.components_[1,:]*u0
fuka = (np.array([x, y])).T
biplot(pca.transform(irisdata), fuka, 1,2, labels=irisdata.columns)
```

第8章 多次元データの解析（2）〜少ない次元で説明する

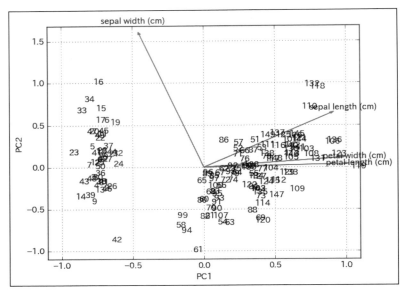

■ 図 8-4 iris データのバイプロット例

もう1つ例題として、**数値例 8-2** のようなテストの成績の主成分分析を試みます。

数値例 8-2　テストの成績の主成分分析

> 30 人のテストの成績が**表 8-4** のようであったとします。
> この成績データから主成分を求めて、主成分軸上にデータ点をプロットしたのが
> **図 8-5** で、それを行うプログラムを**リスト 8-4** に掲げています。

国語	社会	数学	理科	英語
42	49	42	35	48
35	48	45	52	46
44	52	49	38	52
42	52	43	49	46
34	47	45	46	48
43	52	46	36	48
41	39	42	39	43
62	59	59	48	54
46	44	47	39	37
77	61	48	48	67
49	55	57	48	53
48	44	42	46	60
40	38	45	49	34
36	36	44	47	47
54	50	50	45	46

国語	社会	数学	理科	英語
52	47	61	66	46
40	52	36	47	46
63	28	35	42	48
44	33	49	20	29
46	59	50	53	57
51	41	60	59	63
45	39	48	46	45
34	39	43	50	40
34	29	45	44	48
57	46	54	46	42
38	42	41	36	41
43	47	41	53	44
45	51	53	46	53
49	56	54	61	51
35	38	57	65	57

■ 表 8-4　5 教科の点数

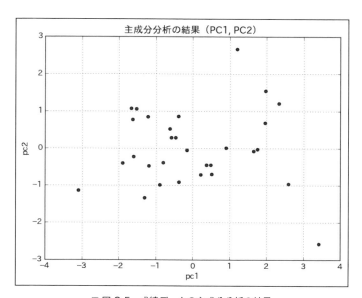

■ 図 8-5　成績データの主成分分析の結果

第8章　多次元データの解析（2）〜少ない次元で説明する

■ リスト 8-4　成績データの主成分分析

```python
# tensuu-pcaplot.py
# -*- coding: utf-8 -*-
import math
import numpy as np
import pandas as pd
import matplotlib.pyplot as plt
from sklearn.decomposition import PCA
from sklearn.preprocessing import scale
subject = ['国語','社会','数学','理科','英語']
seiseki_a = np.array([
[42,49,42,35,48],[35,48,45,52,46],[44,52,49,38,52],[42,52,43,49,46],
[34,47,45,46,48],[43,52,46,36,48],[41,39,42,39,43],[62,59,59,48,54],
[46,44,47,39,37],[77,61,48,48,67],[49,55,57,48,53],[48,44,42,46,60],
[40,38,45,49,34],[36,36,44,47,47],[54,50,50,45,46],[52,47,61,66,46],
[40,52,36,47,46],[63,28,35,42,48],[44,33,49,20,29],[46,59,50,53,57],
[51,41,60,59,63],[45,39,48,46,45],[34,39,43,50,40],[34,29,45,44,48],
[57,46,54,46,42],[38,42,41,36,41],[43,47,41,53,44],[45,51,53,46,53],
[49,56,54,61,51],[35,38,57,65,57]
])
seiseki_in = pd.DataFrame(seiseki_a, columns=subject)
seiseki = scale(seiseki_in)
pca = PCA()
pca.fit(seiseki)
print('主成分', pca.components_.round(4))
print('平均', pca.mean_)
print('共分散', pca.get_covariance())
# 寄与率
print('各次元の寄与率', pca.explained_variance_ratio_)
print('累積寄与率', sum(pca.explained_variance_ratio_))
print('標準偏差', [math.sqrt(u) for u in pca.explained_variance_])

u = pd.DataFrame([ [math.sqrt(u) for u in pca.explained_variance_] ] * 9)
u0 = u[0][0]
pca_components = pd.DataFrame(pca.components_)
x = pca.components_[0,:]*u0
y = pca.components_[1,:]*u0
fuka = (np.array([x, y])).T
print('負荷\n', fuka.round(4))
# 主成分をプロットする
transformed = pca.fit_transform(seiseki)
plt.scatter( [u[0] for u in transformed], [u[1] for u in transformed] )
plt.title('主成分分析の結果（PC1, PC2）')
plt.grid()
plt.xlabel('pc1')
plt.ylabel('pc2')
plt.show()

# 出力結果は
# 主成分 [[ 0.3933  0.4492  0.4494  0.4147  0.5192]
#  [-0.6098 -0.3268  0.3074  0.652  -0.0421]
#  [ 0.3473 -0.2955  0.7246 -0.1959 -0.4782]
```

218

```
#  [ 0.4497 -0.7576 -0.23    0.1736  0.3752]
#  [ 0.388   0.1737 -0.3543  0.5783 -0.5994]]
# 平均 [ 0.  0. -0.  0. -0.]
# 共分散 [[ 1.0345  0.3863  0.2964  0.0597  0.4366]
#  [ 0.3863  1.0345  0.3277  0.2253  0.4717]
#  [ 0.2964  0.3277  1.0345  0.4749  0.3412]
#  [ 0.0597  0.2253  0.4749  1.0345  0.4824]
#  [ 0.4366  0.4717  0.3412  0.4824  1.0345]]
# 各次元の寄与率 [ 0.4744  0.2046  0.1333  0.1197  0.0679]
# 累積寄与率 [ 0.4744  0.679   0.8123  0.9321  1.    ]
# 標準偏差 [ 1.5665  1.0288  0.8303  0.787   0.5927]
# 分散 [ 2.4539  1.0584  0.6894  0.6194  0.3513]
# 標準偏差         0       1       2       3       4
# 0   1.5665  1.0288  0.8303  0.787   0.5927
# 負荷
# [[ 0.6161 -0.9553]
#  [ 0.7037 -0.5119]
#  [ 0.704   0.4816]
#  [ 0.6496  1.0213]
#  [ 0.8134 -0.066 ]]
```

　実行結果は、主成分ベクトルとして**表 8-5** が得られ、これを元に散布図を重ねたものが図 8-5 です。

　また、各主成分軸に回転した後の値について取り直した平均と分散は**表 8-6** のようになっています。第 1 主成分の分散が最大で寄与率も 47%、第 2 主成分の寄与率は 20% と、ここまでで 68% を占めています。

	pc1 （第 1 主成分）	pc2 （第 2 主成分）	pc3 （第 3 主成分）	pc4 （第 4 主成分）	pc5 （第 5 主成分）
第 1 次元	0.3933	0.4492	0.4494	0.4147	0.5192
第 2 次元	−0.6098	−0.3268	0.3074	0.652	−0.0421
第 3 次元	0.3473	−0.2955	0.7246	−0.1959	−0.4782
第 4 次元	0.4497	−0.7576	−0.23	0.1736	0.3752
第 5 次元	0.388	0.1737	−0.3543	0.5783	−0.5994

■ 表 8-5　成績データの 5 つの主成分ベクトル

第8章　多次元データの解析（2）〜少ない次元で説明する

	pc1 （第1主成分）	pc2 （第2主成分）	pc3 （第3主成分）	pc4 （第4主成分）	pc5 （第5主成分）
平均	0.	0.	−0.	0.	−0.
分散	2.3721	1.0231	0.6664	0.5987	0.3396
寄与率	0.4744	0.2046	0.1333	0.1197	0.0679
累積寄与率	0.4744	0.679	0.8123	0.9321	1.

■ 表 8-6　成績データの 5 つの主成分軸での平均、分散、寄与率、累積寄与率

　成績データの因子負荷量は、**表 8-7** のようになっています。この例の場合は第 1 主成分への因子負荷が正の大きい値で科目の差があまりないので、5 つの科目の合計点もしくは平均点と連動する値になっているでしょう。他方、第 2 主成分では、負荷が負になっている国語と社会、正になっている数学と理科、ほぼ 0 の英語、と 3 つのグループに分かれています。これは、数理系科目と文科系科目の 2 グループを区別する因子と見ることができます。英語は第 2 主成分の面では中立（負荷がほぼ 0）ですが、全体の合計点には強く影響しています。

	pc1	pc2
国語	0.6057	−0.9392
社会	0.6919	−0.5033
数学	0.6921	0.4735
理科	0.6387	1.0041
英語	0.7997	−0.0649

■ 表 8-7　成績データの 5 つの成分の因子負荷量

　図 8-6 に示すバイプロットでは、それぞれの生徒の点が番号で書かれていますが、図の右側ほど合計点が高く左は低い、また図の上側が数理系で下側が文科系科目というように見ることができます。たとえば 30 番の生徒は数理系科目で成績がいいという表示になっていますが、実際の点数では国語 35 点、社会 38 点、数学 57 点、理科 65 点、英語 57 点と、数学と理科で平均より高い点を取っています。

　プログラムは、**リスト 8-5** に掲げるものです。

8.1 主成分分析

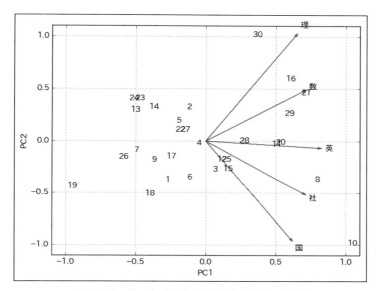

■ 図 8-6 成績データの主成分分析のバイプロット図

■ リスト 8-5 成績データの主成分分析、バイプロットを描く

```
# -*- coding: utf-8 -*-
# tensuu-pca-biplot.py
# 成績データ30人をPCA
import math
import numpy as np
import pandas as pd
import matplotlib.pyplot as plt
from sklearn.decomposition import PCA
from sklearn.preprocessing import scale

def biplot(score,coeff,pcax,pcay,labels=None):
# https://sukhbinder.wordpress.com/2015/08/05/biplot-with-python/よりアイデアを借用
    pca1=pcax-1
    pca2=pcay-1
    xs = score[:,pca1]
    ys = score[:,pca2]
    n=score.shape[1]
    scalex = 2.0/(xs.max()- xs.min())
    scaley = 2.0/(ys.max()- ys.min())
    for i in range(len(xs)):
        plt.text(xs[i]*scalex, ys[i]*scaley, str(i+1), color='k', ha='center', \
                va='center')
    for i in range(n):
        plt.arrow(0, 0, coeff[i,pca1], coeff[i,pca2],color='r',alpha=1.0)
        if labels is None:
```

第8章　多次元データの解析（2）〜少ない次元で説明する

```python
            plt.text(coeff[i,pca1]* 1.10, coeff[i,pca2] * 1.10, "Var"+str(i+1), \
                    color='k', ha='center', va='center')
        else:
            plt.text(coeff[i,pca1]* 1.10, coeff[i,pca2] * 1.10, labels[i], \
                    color='k', ha='center', va='center')
    plt.xlim(min(coeff[:,pca1].min()-0.1, -1.1), \
            max(coeff[:,pca1].max()+0.1, 1.1))
    plt.ylim(min(coeff[:,pca2].min()-0.1, -1.1), \
            max(coeff[:,pca2].max()+0.1, 1.1))
    plt.xlabel("PC".format(pcax))
    plt.ylabel("PC".format(pcay))
    plt.grid()
    plt.show()

subject = ['国語','社会','数学','理科','英語']
seiseki_a = np.array([
[42,49,42,35,48],[35,48,45,52,46],[44,52,49,38,52],[42,52,43,49,46],
[34,47,45,46,48],[43,52,46,36,48],[41,39,42,39,43],[62,59,59,48,54],
[46,44,47,39,37],[77,61,48,48,67],[49,55,57,48,53],[48,44,42,46,60],
[40,38,45,49,34],[36,36,44,47,47],[54,50,50,45,46],[52,47,61,66,46],
[40,52,36,47,46],[63,28,35,42,48],[44,33,49,20,29],[46,59,50,53,57],
[51,41,60,59,63],[45,39,48,46,45],[34,39,43,50,40],[34,29,45,44,48],
[57,46,54,46,42],[38,42,41,36,41],[43,47,41,53,44],[45,51,53,46,53],
[49,56,54,61,51],[35,38,57,65,57]
])
seiseki_in = pd.DataFrame(seiseki_a, columns=subject)
seiseki = scale(seiseki_in)

pca = PCA()
pca.fit(seiseki)

print('主成分', pca.components_.round(4)) # loadings
print('平均', pca.mean_.round(4)) # loadings
print('共分散', pca.get_covariance().round(4)) # covariance
print('各次元の寄与率', pca.explained_variance_ratio_.round(4))
print('累積寄与率', np.cumsum(pca.explained_variance_ratio_).round(4))
print('分散', pca.explained_variance_.round(4))
print('標準偏差', \
        pd.DataFrame([math.sqrt(u) for u in pca.explained_variance_]).T.round(4))

u = pd.DataFrame([ [math.sqrt(u) for u in pca.explained_variance_] ] * 9)
u0 = u[0][0]
pca_components = pd.DataFrame(pca.components_)

x = pca.components_[0,:]*u0
y = pca.components_[1,:]*u0
fuka = (np.array([x, y])).T
print('fuka\n', fuka.round(4))

biplot(pca.transform(seiseki), fuka, 1,2, labels=subject)
```

8.2 因子分析

8.2.1 因子分析の考え方

因子分析は、多数の変数で表されるデータからいくつかの共通する因子を抽出し、より少ない因子で現象を説明しようとするものです（**図 8-7**）。主成分分析とよく似ているのですが、因果関係の考え方が逆方向ということで区別する議論がよく見られます。具体的には、観測される変数を $[X_1, X_2, \cdots X_p]$ とするとき、主成分分析における主成分 PC_i は

$$PC_i = l_{i1}X_1 + \cdots + l_{ip}X_p$$

であって、観測変数 X_j から作られる合成変数だと考えられます。つまり、観測変数が原因で主成分が結果であるという因果関係になっています。他方、因子分析ではモデルは

$$X_i = \lambda_{i1}F_1 + \cdots + \lambda{ik}F_k + u_i$$

であって、因子 F_j が原因であって観測変数 X_i が結果という関係になります[*1]。

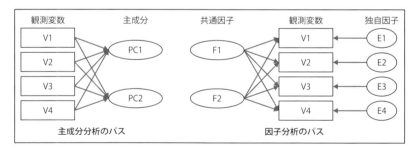

■ 図 8-7　因子分析と主成分分析

実際の処理では、主成分分析では主成分の数は、元の観測変数の次元の数だけ用意しておき、その中の少ない数の成分でどれだけちらばりがカバーされるかを累積寄与率で見ますが、因子分析では初めから因子の数を決めておき、それにできるだけ

[*1] この説明は大阪大学 狩野先生のレポート http://www.sigmath.es.osaka-u.ac.jp/~kano/research/seminar/30BSJ/kano.pdf を参照させていただきました。

第8章　多次元データの解析（2）〜少ない次元で説明する

フィットする形を作ります。さらに、説明できない部分を独自の誤差因子として認めますが、これは主成分分析では行わないこと（誤差の項を立てない、解析自体が誤差を含む）です。

たとえば、主成分分析で用いた成績の数値例 8-2 のように 5 教科の点数があるとします。これを観測変数 x_i として、2 つの共通因子 f_1、f_2 から説明する因子分析のモデルを作ることを考えます。ただし、観測変数は事前に標準化（平均が 0、分散が 1 となるように変換）してあるものとします。式で書くと

$$x_{11} = a_{11}f_{11} + a_{12}f_{12} + e_{11} \quad \cdots \quad x_{61} = a_{61}f_{11} + a_{62}f_{12} + e_{11}$$
$$x_{12} = a_{11}f_{21} + a_{12}f_{22} + e_{21} \quad \cdots \quad x_{62} = a_{61}f_{21} + a_{62}f_{22} + e_{26}$$
$$\cdots$$
$$x_{1n} = a_{11}f_{n1} + a_{12}f_{n2} + e_{n1} \quad \cdots \quad x_{6n} = a_{61}f_{n1} + a_{62}f_{n2} + e_{n6}$$

です。行列で書くと

$$x = af + e$$

になります。また、e は独自因子と呼ばれる項で、共通因子 $f = (f_1, f_2)$ で説明しきれない部分を表します。上の式の係数 a を**因子負荷量**と呼びます。この因子負荷量を推定することが分析のゴールです。具体的には、この式の値から計算する分散・共分散の値が、サンプルから計算される分散・共分散の値となるべく同じになるような因子負荷量を求めます。

計算のために、いくつかの仮定をします。まず前提として、共通因子 $f = (f_1, f_2)$ と独自因子 $e = (e_1, \cdots e_6)$ の間は独立で相関がないこと、独立因子相互の間も独立で相関がないことを仮定します。さらに、ここでは議論を単純にするために、共通因子の間にも相関がないことを仮定します。この共通因子間の無相関を仮定するモデルを**直交モデル**と呼び、無相関を仮定しないモデルを**斜交モデル**と呼んでいます。

直交モデルの条件下で、共通因子を用いて表された観測変数 x の相関行列[2]を

---

*2　標本相関係数 r_{ij} は標本分散 s_{ii}、共分散 s_{ij} を用いて

$$r_{ij} = \frac{s_{ij}}{\sqrt{s_{ii}}\sqrt{s_{jj}}}$$

で、標準化した後のデータを使った分散共分散行列と同じになります。

R（因子決定行列と呼ぶ）と書くことにします。R を計算すると、その非対角成分 $r_{i,j}(i \neq j)$ は $a_{i1}a_{j1} + a_{i2}a_{j2}$ と等しくなり、対角成分 $r_{i,j}(i = j)$ は $a_{i1}^2 + a_{i2}^2 + V(e_i)$（ただし $V(e_i)$ は e_i の分散）に等しくなることが導けます。行列の形を使うと

$$
V = \begin{pmatrix} V(e_1) & 0 & \cdots & 0 \\ 0 & V(e_2) & \cdots & 0 \\ & & \cdots & \\ 0 & 0 & \cdots & V(e_n) \end{pmatrix}
$$

のような対角行列を考えて

$$
R = a \cdot a^T + V
$$

のように書くこともできます。また

$$
R - V = a \cdot a^T
$$

なので、相関行列 R の対角成分 R_{ii} が 1 であることから

$$
\begin{pmatrix} 1 - V(e_1) & R_{12} & \cdots & R_{1n} \\ R_{21} & 1 - V(e_2) & \cdots & R_{2n} \\ & & \cdots & \\ R_{n1} & R_{n2} & \cdots & 1 - V(e_n) \end{pmatrix} = a \cdot a^T
$$

となります。それぞれの対角要素を $h = a_{i1}^2 + a_{i2}^2 = 1 - V(e_i)$（**共通性**と呼ぶ）と $V(e_i)$（**独自性**と呼ぶ）に分けることができます。

　共通性 $h = 1 - V(e_i)$ は因子分析の理論で導けるものではないので、他の方法で推定します。よく使われる推定として共通性 $h = 1 - V(e_i)$ を、目的変数を x_i としたときの（説明変数を x_i を除く残りのすべての $x_j(j \neq i)$ としたときの）重回帰分析による決定係数 $R_i{}^2$（寄与率）とする方法（SMC 法）が使われます。

　ここまでで、因子負荷量 a を用いて相関行列 R を表すことができました。次に、この行列 R の固有値・固有ベクトルを求めます。以下に、主因子法と呼ばれる、固有値の大きいものから選ぶ方法を手法を紹介します。

第8章　多次元データの解析（2）〜少ない次元で説明する

$$R \cdot w = \lambda \cdot x \quad (x \text{ は } 0 \text{ でないベクトル})$$

となるような固有ベクトル w、固有値 λ を求めると

$$R = \lambda_1 w_1 w_1{}^T + \lambda_2 w_2 w_2{}^T$$

と書けるので、たとえば λ_i の上位2つを取ったものが他より十分に大きければその2項で R を近似できることになります。これによって、因子決定行列 R を2次元に圧縮できることになります。他の固有値を0とおくと

$$R = \lambda_1 w_1 w_1{}^T + \lambda_2 w_2 w_2{}^T$$

他方

$$R = a_{*1} \cdot a_{*1}^T + a_{*2} \cdot a_{*2}^T$$

から

$$a_{*1} = \sqrt{\lambda} w_1, \quad a_{*2} = \sqrt{\lambda} w_2$$

のようにして因子負荷量 a を求めることができます。

　実際には、このようにして求めた因子負荷量から共通性の値を計算すると、SMC法で求めた値と異なるので、因子負荷量から算出した共通性の値を再び推定値と置いて、同じ計算を繰り返します。このプロセスを、共通性の値が1を超えるまで繰り返し（反復推定）、1を超える直前の値を取ります。

　ここまでで、因子負荷量や共通性の値が計算できましたが、共通因子を解釈しやすくするために回転します。回転ができるのは、因子負荷量の方程式

$$r = a \cdot a^T + V, \quad \text{ただし } r_{ii} = 1$$

は、その解が回転や反転に対して値が不変な形になっていて、解を回転・反転しても方程式が成り立つという性質があるからです。この性質を使って、解を都合の良い方向、具体的には解釈しやすい方向、それぞれの項目がなるべく1つの因子だけに依

存し、他の因子に依存しないようになる解の方向（単純構造と呼ぶ）に回転すること
が行われています。いろいろな回転方法が提案されており、バリマックス回転やプロ
マックス回転が有名です。回転は大別して直交回転と斜交回転に分けられ、**直交回
転**は因子軸が直交している、つまり軸間に互いに相関がないような制約を与える考え
方で、**斜交回転**は軸間に相関があってもよい（無相関の制約がない）考え方です。あ
らかじめ因子間に相関がないことが分かっている場合は直交回転が有効ですが、そう
でない場合は斜交回転を使うことになります。相関がある場合に直交回転を使うと、
単純構造から遠くなりがちです。

　バリマックス回転は直交回転の 1 つで、因子負荷行列の列の分散の和を最大にす
るような回転方法で、1 つの特定の共通因子について見るとき、ある観測変量の負
荷（の絶対値）が大きく他の変量の負荷が小さくなるように回転する方法です。また
プロマックス回転は斜交回転の 1 つで、まず始めにバリマックス回転した因子負荷行
列を計算しその行列を 3~4 乗程度して強調した行列をターゲットとしておき、その
ターゲットに最小二乗基準で最も近くなるような斜交回転を求めます[*3]。後述する
パッケージ factor_analyzer ではここで挙げた 2 つの回転か回転なしが選択で
きます[*4]。

8.2.2　Python による因子分析

　Python では、他の章でも用いた標準的に使われるライブラリ scikit-learn の
decomposition パッケージの中に、主成分分析のモジュール PCA と並んで因子
分析のモジュール FactorAnalysis がありますが、やや機能不足な面もあるので、
ここでは別の factor_analyzer パッケージを使う例を紹介します。

数値例 8-3　テストの成績の因子分析

ここでは、数値例 8-2 の主成分分析で用いた 5 教科の成績を観測変数 x_i として、
これを 2 つの共通因子 f_1、f_2 から説明するモデルを計算してみます。

---

*3　回転の説明は関西学院大学社会学部 清水裕士先生の解説「因子分析における因子軸の回転法について」
　　http://norimune.net/706 を参考にさせていただきました。
*4　scikit-learns の decomposition パッケージにある因子分析モジュール
　　sklearn.decomposition.FactorAnalysis には回転の機能はないようです。

第8章 多次元データの解析（2）～少ない次元で説明する

`factor_analyzer` パッケージをインストールします。

```
pip install factor_analyzer
```

`factor_analyzer` のホームページは https://pypi.python.org/pypi/factor-analyzer/0.2.2、ドキュメントは https://media.readthedocs.org/pdf/factor-analyzer/latest/factor-analyzer.pdf にあります。

5 教科の成績の因子分析のプログラムを、**リスト 8-6** に示します。このプログラムは、データを準備し、`factor_analyzer` を呼び出した後、さらにパッケージ内では計算されない寄与率・累積寄与率、回帰法による因子得点（スコア）を追加で計算した後、各観測値の因子得点と因子負荷量をグラフにしたバイプロット図（**図 8-8**）を描きます。

■ リスト 8-6　5 教科の成績の因子分析

```python
# -*- coding: utf-8 -*-
# tensuu-fa2-fa-biplot.py
import math
import numpy as np
import pandas as pd
import matplotlib.pyplot as plt
from sklearn.preprocessing import scale
from factor_analyzer import FactorAnalyzer
from sklearn.decomposition import FactorAnalysis

def biplot(score,coeff,pcax,pcay,labels=None):
# https://sukhbinder.wordpress.com/2015/08/05/biplot-with-python/よりアイデアを借用
    pca1=pcax-1
    pca2=pcay-1
    xs = score.iloc[:,pca1]
    ys = score.iloc[:,pca2]
    n=coeff.shape[0]
    scalex = 2.0/(xs.max()- xs.min())
    scaley = 2.0/(ys.max()- ys.min())
    for i in range(len(xs)):
        plt.text(xs[i]*scalex, ys[i]*scaley, str(i+1), color='k', ha='center', \
                va='center')
    for i in range(n):
        plt.arrow(0, 0, coeff.iloc[i,pca1], coeff.iloc[i,pca2],color='r',alpha=1.0)
        if labels is None:
            plt.text(coeff.iloc[i,pca1]* 1.10, coeff.iloc[i,pca2] * 1.10, \
                    "Var"+str(i+1), color='k', ha='center', va='center')
        else:
            plt.text(coeff.iloc[i,pca1]* 1.10, coeff.iloc[i,pca2] * 1.10, \
                    labels[i], color='k', ha='center', va='center')
    #plt.xlim(min(coeff[:,pca1].min()-0.1, -1.1), \
```

228

```python
    #            max(coeff[:,pca1].max()+0.1, 1.1))
    #plt.ylim(min(coeff[:,pca2].min()-0.1, -1.1), \
    #            max(coeff[:,pca2].max()+0.1, 1.1))
    plt.xlim(min(coeff.iloc[:,pca1].min()-0.1, -1.1), \
            max(coeff.iloc[:,pca1].max()+0.1, 1.1))
    plt.ylim(min(coeff.iloc[:,pca2].min()-0.1, -1.1), \
            max(coeff.iloc[:,pca2].max()+0.1, 1.1))
    plt.xlabel("F".format(pcax))
    plt.ylabel("F".format(pcay))
    plt.grid()
    plt.show()

subject = ['国語','社会','数学','理科','英語']
seiseki_a = np.array([
[42,49,42,35,48],[35,48,45,52,46],[44,52,49,38,52],[42,52,43,49,46],
[34,47,45,46,48],[43,52,46,36,48],[41,39,42,39,43],[62,59,59,48,54],
[46,44,47,39,37],[77,61,48,48,67],[49,55,57,48,53],[48,44,42,46,60],
[40,38,45,49,34],[36,36,44,47,47],[54,50,50,45,46],[52,47,61,66,46],
[40,52,36,47,46],[63,28,35,42,48],[44,33,49,20,29],[46,59,50,53,57],
[51,41,60,59,63],[45,39,48,46,45],[34,39,43,50,40],[34,29,45,44,48],
[57,46,54,46,42],[38,42,41,36,41],[43,47,41,53,44],[45,51,53,46,53],
[49,56,54,61,51],[35,38,57,65,57]
])
seiseki_in = pd.DataFrame(seiseki_a, columns=subject)
seiseki = pd.DataFrame(scale(seiseki_in), columns= seiseki_in.columns.values)

fa = FactorAnalyzer()
fa.analyze(seiseki, 2, rotation="varimax")    # varimax回転を用いるとき
#fa.analyze(seiseki, 2, rotation="promax")    # promax回転を用いるとき
#fa.analyze(seiseki, 2, rotation=None)    # 回転をしないとき

print('相関行列\n', seiseki.corr(method='pearson'))
print()
print('因子負荷量', fa.loadings.round(4)) # loadings
print()
print('独自性', fa.get_uniqueness().round(4)) # uniqueness
print()
print('因子分散', fa.get_factor_variance().round(4))
print()

#################
# 寄与率
kiyo = np.array([0, 0])
for i in range(len(fa.loadings)):
    u = np.array(fa.loadings.iloc[i])
    kiyo = kiyo + u*u
kiyo = pd.DataFrame(kiyo/len(fa.loadings), index=fa.loadings.columns.values).T
kiyo = kiyo.append(pd.DataFrame(np.cumsum(kiyo, axis=1)),
        ignore_index=True).rename(0:'寄与率', 1:'累積寄与率')
print('寄与率\n', kiyo)
print()
```

第8章 多次元データの解析（2）〜少ない次元で説明する

```
################
def factor_score(X, load):
    Xs = pd.DataFrame(scale(X), columns=X.columns.values)
    ir = np.linalg.inv(Xs.corr(method='pearson'))
    return(pd.DataFrame(np.dot(Xs, np.dot(ir, load)),
    columns=load.columns.values, index=X.index.values))

score = factor_score(seiseki, fa.loadings)
print('回帰法スコア\n', factor_score(seiseki, fa.loadings))
print()

biplot(score, fa.loadings, 1,2, labels=subject)
```

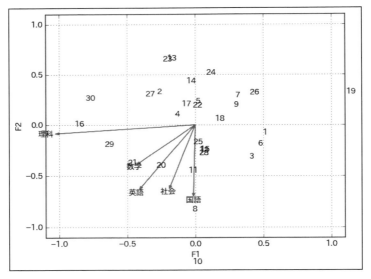

■ 図8-8　5教科の成績の因子分析の結果。バイプロット図

実行結果の出力は、下記のようになっています。

8.2 因子分析

相関行列	国語	社会	数学	理科	英語
国語	1.000000	0.373463	0.286529	0.057743	0.422064
社会	0.373463	1.000000	0.316808	0.217825	0.456014
数学	0.286529	0.316808	1.000000	0.459037	0.329818
理科	0.057743	0.217825	0.459037	1.000000	0.466340
英語	0.422064	0.456014	0.329818	0.466340	1.000000

まず相関行列を計算しておきます。これは第6章の相関係数の計算と同じもので
す。異なる科目間で最大 0.46 程度の相関がありますが、ここでは一応、互いに独立で
あると仮定します。

次に、因子分析の計算を行います。

プログラム上は、モデルのクラスを fa = FactorAnalyzer() として作り、デー
タ seiseki を与えて fa.analyze(seiseki, 2, rotation="varimax")
によって分析計算を行います。因子分析では分析の前提として因子数を与えますが、
このケースでは2を指定しています。また、最後の回転の部分でバリマックス回転を
使うように指定しています。これ以降は、因子分析結果を表示したものです。

因子負荷量	Factor1	Factor2
国語	−0.0135	−0.6705
社会	−0.1844	−0.5959
数学	−0.4093	−0.3715
理科	−1.0001	−0.0836
英語	−0.3962	−0.6063

この**因子負荷量**（loadings）は、式の記述で出てきた f です。2つの因子 Factor1
と Factor2 に対する重み行列の値です。2つの因子に名前を付けることがあります
が、プログラムでは単に第1因子（Factor1）、第2因子（Factor2）という表記になり
ます。

因子分析の結果は、回転のところで説明しましたが、正負の反転（裏返し）の値も
また成り立ちます。この例では第1因子も第2因子も負の値になっていますが、引っ
繰り返してよいわけです。

計算の結果として得られた第1因子は、理科の負荷量が −1 で、絶対値が非常に大
きくなっています。つまり、第1因子は理科をよく代表する因子であると言えます。
第2因子は理科を除くとだいたい似たような値、特に国語・社会・英語に対して同じ

第8章　多次元データの解析 (2) ～少ない次元で説明する

程度の重みを持っています。つまり、第1因子は理科に代表される理系的な学力、第2因子は国語・社会に代表される文系的な学力の2つで、それぞれの科目の第1・第2因子への負荷の比率を見ると、数学はどちらかと言うと第1因子（理科）に近いが両方の因子から影響を受けており、英語はどちらかと言うと第2因子（国語・社会）に近いが両方の因子から影響を受けている、ということが読み取れます。

独自性	Uniqueness
国語	0.5502
社会	0.6109
数学	0.6945
理科	−0.0072
英語	0.4755

　次に表示したのは、独自性（uniqueness）です。これは (1 − 共通性) に当たります。理科の独自性が特に小さい値なのは、共通因子1が理科を非常によく説明しているからです。他方、数学の独自性がかなり高いのは、共通因子1と2の両方の負荷量が大きいことに対応しています。

因子分散寄与率	Factor1	Factor2
SS Loadings（分散）	1.3588	1.3173
Proportion Var（寄与率）	0.2718	0.2635
Cumulative Var（累積寄与率）	0.2718	0.5352

　それぞれの観測変数について1つの共通因子 F が説明する情報（共通性）を全体で集めた量を、因子 F の総共通性と呼ぶことにします。すべての因子の共通性を集めた分散量は変数の個数 n と等しくなるので、(F の総共通性)/(変数の個数) は因子 F の全体に対する割合、**寄与率**になります。上記の表の1行目は因子ごとの総共通性の量、2行目はその全体に対する比率、3行目は累積の寄与率を示しています。このデータでは第1因子も第2因子も寄与率はあまり差がなく 0.26～0.27 程度で、累積寄与率はこの2つを合わせて 0.54 程度になっています。累積寄与率が大きければ、そこまでの範囲の因子によってデータ全体が説明させることになりますが、この例の場合はやや小さめの値になっています。この2つの因子では説明しきれていない情報があることを示しているので、たとえば因子の数を増やした分析を試みることが考えられます。

表 8-8 は因子得点（スコア）と呼ばれるもので、それぞれの観測データに対する共通因子の得点を行列にしたものです。いくつかの計算法がありますが、ここでは回帰法を使っています。

因子得点 （スコア）	Factor1	Factor2	因子得点 （スコア）	Factor1	Factor2
0	1.304481	−0.154610	15	−2.168774	0.019106
1	−0.668745	0.645119	16	−0.163432	0.402330
2	1.051467	−0.616568	17	0.455625	0.118649
3	−0.340259	0.207135	18	2.915859	0.634027
4	0.051650	0.452912	19	−0.638168	−0.777176
5	1.216943	−0.366027	20	−1.172844	−0.732255
6	0.795738	0.575178	21	0.051036	0.371186
7	−0.017999	−1.610371	22	−0.507564	1.271539
8	0.765415	0.379766	23	0.302892	1.005221
9	0.032054	−2.608345	24	0.058748	−0.330486
10	−0.040096	−0.877931	25	1.112020	0.626711
11	0.159922	−0.488592	26	−0.837808	0.595977
12	−0.439340	1.287220	27	0.164882	−0.545491
13	−0.072081	0.848999	28	−1.598374	−0.376954
14	0.182313	−0.472153	29	−1.955562	0.515885

■ 表 8-8　因子得点

以上の結果を、それぞれの生徒についての2つの因子に対する得点と科目ごとの因子負荷量を、2つの因子の作る平面上にプロットしたバイプロットを図8-8に示します。

第8章 多次元データの解析（2）〜少ない次元で説明する

数値例 8-4　ボストン住宅価格の因子分析

同様に、`factor_analyzer` を使ってボストンの住宅価格のデータについての因子分析を行うことができます。プログラムは**リスト 8-7** です。

結果は次のようになりました。まず相関行列は、**表 8-9** のようになっています。

相関行列	CRIM	ZN	INDUS	CHAS	NOX	RM	AGE
CRIM	1.0000	−0.1995	0.4045	−0.0553	0.4175	−0.2199	0.3508
ZN	−0.1995	1.0000	−0.5338	−0.0427	−0.5166	0.3120	−0.5695
INDUS	0.4045	−0.5338	1.0000	0.0629	0.7637	−0.3917	0.6448
CHAS	−0.0553	−0.0427	0.0629	1.0000	0.0912	0.0913	0.0865
NOX	0.4175	−0.5166	0.7637	0.0912	1.0000	−0.3022	0.7315
RM	−0.2199	0.3120	−0.3917	0.0913	−0.3022	1.0000	−0.2403
AGE	0.3508	−0.5695	0.6448	0.0865	0.7315	−0.2403	1.0000
DIS	−0.3779	0.6644	−0.7080	−0.0992	−0.7692	0.2052	−0.7479
RAD	0.6220	−0.3119	0.5951	−0.0074	0.6114	−0.2098	0.4560
TAX	0.5796	−0.3146	0.7208	−0.0356	0.6680	−0.2920	0.5065
PTRATIO	0.2883	−0.3917	0.3832	−0.1215	0.1889	−0.3555	0.2615
B	−0.3774	0.1755	−0.3570	0.0488	−0.3801	0.1281	−0.2735
LSTAT	0.4522	−0.4130	0.6038	−0.0539	0.5909	−0.6138	0.6023

相関行列	DIS	RAD	TAX	PTRATIO	B	LSTAT
CRIM	−0.3779	0.6220	0.5796	0.2883	−0.3774	0.4522
ZN	0.6644	−0.3119	−0.3146	−0.3917	0.1755	−0.4130
INDUS	−0.7080	0.5951	0.7208	0.3832	−0.3570	0.6038
CHAS	−0.0992	−0.0074	−0.0356	−0.1215	0.0488	−0.0539
NOX	−0.7692	0.6114	0.6680	0.1889	−0.3801	0.5909
RM	0.2052	−0.2098	−0.2920	−0.3555	0.1281	−0.6138
AGE	−0.7479	0.4560	0.5065	0.2615	−0.2735	0.6023
DIS	1.0000	−0.4946	−0.5344	−0.2325	0.2915	−0.4970
RAD	−0.4946	1.0000	0.9102	0.4647	−0.4444	0.4887
TAX	−0.5344	0.9102	1.0000	0.4609	−0.4418	0.5440
PTRATIO	−0.2325	0.4647	0.4609	1.0000	−0.1774	0.3740
B	0.2915	−0.4444	−0.4418	−0.1774	1.0000	−0.3661
LSTAT	−0.4970	0.4887	0.5440	0.3740	−0.3661	1.0000

■ 表 8-9　ボストン住宅価格の相関行列

8.2 因子分析

■ リスト8-7　ボストンの住宅価格の因子分析でバイプロットを描くプログラム例

```python
# -*- coding: utf-8 -*-
# ボストン住宅価格　factor_analyizerによるFA
import math
import numpy as np
import pandas as pd
import matplotlib.pyplot as plt
from sklearn import datasets
from sklearn.preprocessing import scale
from factor_analyzer import FactorAnalyzer


def biplot(score,coeff,pcax,pcay,labels=None):
# https://sukhbinder.wordpress.com/2015/08/05/biplot-with-python/よりアイデアを借用
    pca1=pcax-1
    pca2=pcay-1
    #xs = score[:,pca1]
    #ys = score[:,pca2]
    xs = score.iloc[:,pca1]
    ys = score.iloc[:,pca2]
    #n=score.shape[1]
    n=coeff.shape[0]
    scalex = 2.0/(xs.max()- xs.min())
    scaley = 2.0/(ys.max()- ys.min())
    for i in range(len(xs)):
        plt.text(xs[i]*scalex, ys[i]*scaley, str(i+1), color='k', ha='center', \
                 va='center')
    for i in range(n):
        #plt.arrow(0, 0, coeff[i,pca1], coeff[i,pca2],color='r',alpha=1.0)
        plt.arrow(0, 0, coeff.iloc[i,pca1], coeff.iloc[i,pca2],color='r',alpha=1.0)
        if labels is None:
            #plt.text(coeff[i,pca1]* 1.10, coeff[i,pca2] * 1.10, "Var"+str(i+1), \
            #         color='k', ha='center', va='center')
            plt.text(coeff.iloc[i,pca1]* 1.10, coeff.iloc[i,pca2] * 1.10, \
                     "Var"+str(i+1), color='k', ha='center', va='center')
        else:
            #plt.text(coeff[i,pca1]* 1.10, coeff[i,pca2] * 1.10, labels[i], \
            #         color='k', ha='center', va='center')
            plt.text(coeff.iloc[i,pca1]* 1.10, coeff.iloc[i,pca2] * 1.10, \
                     labels[i], color='k', ha='center', va='center')
    #plt.xlim(min(coeff[:,pca1].min()-0.1, -1.1), \
    #         max(coeff[:,pca1].max()+0.1, 1.1))
    #plt.ylim(min(coeff[:,pca2].min()-0.1, -1.1), \
    #         max(coeff[:,pca2].max()+0.1, 1.1))
    plt.xlim(min(coeff.iloc[:,pca1].min()-0.1, -1.1), \
             max(coeff.iloc[:,pca1].max()+0.1, 1.1))
    plt.ylim(min(coeff.iloc[:,pca2].min()-0.1, -1.1), \
             max(coeff.iloc[:,pca2].max()+0.1, 1.1))
    #plt.xlabel("PC".format(pcax))
    #plt.ylabel("PC".format(pcay))
    plt.xlabel("F".format(pcax))
    plt.ylabel("F".format(pcay))
    plt.grid()
```

第8章　多次元データの解析（2）～少ない次元で説明する

```python
    plt.show()

dset = datasets.load_boston()
boston = pd.DataFrame(dset.data)
boston.columns = dset.feature_names
target = pd.DataFrame(dset.target)
boston = pd.DataFrame(scale(boston), columns= boston.columns)

fa = FactorAnalyzer()
fa.analyze(boston, 2, rotation="varimax")   # varimax回転をする場合
#fa.analyze(boston, 2, rotation="promax")   # promax回転をする場合
#fa.analyze(boston, 2, rotation=None)        # 回転をしない場合
#fa.analyze(boston, 7, rotation="varimax")  # scree plotのときに7因子まで算出

print('相関行列\n', boston.corr(method='pearson').round(4))
print()
print('因子負荷量', fa.loadings.round(4)) # loadings
print()
print('独自性', fa.get_uniqueness().round(4)) # uniqueness
print()
print('因子分散', fa.get_factor_variance().round(4))
print()


#################
def factor_score(X, load):
    Xs = pd.DataFrame(scale(X), columns=X.columns.values)
    ir = np.linalg.inv(Xs.corr(method='pearson'))
    return(pd.DataFrame(np.dot(Xs, np.dot(ir, load)), \
            columns=load.columns.values, index=X.index.values))

score = factor_score(boston, fa.loadings)
#print('回帰法スコア\n', factor_score(boston, fa.loadings).round(4))
print()

biplot(score, fa.loadings, 1,2, labels=boston.columns)
'''
# スクリープロットを描く場合、この部分のコメントをはずす。
u = fa.get_factor_variance()
y = u[0:1].values[0]
x = np.arange(len(y))+1
plt.plot(x, y, "o-")
plt.title("scree plot")
plt.xlabel("Factors")
plt.ylabel("Variance")
plt.show()
'''
```

8.2　因子分析

　因子数を 2 に設定して因子分析をして、それぞれの因子負荷量を求めた結果は、**表 8-10** のようになっています。第 1 因子への負荷量は CRIM、RAD、TAX などが目立って大きいのに対して、第 2 因子へは正には NOX や AGE、負には ZN、DIS などが目立ちます。いずれも 1 つの因子を強く引っ張っている観測変数です。

　各観測変数の独自性（Uniqueness、(1-共通性)）は **表 8-11** となり、CHAS、RM、PTRATIO、B が高くなっています。

　因子分散寄与率・累積寄与率は、**表 8-12** のようになり、第 1 因子・第 2 因子だけでは 52% 程度しか説明できていません。因子数を増やして試してみる必要があります。因子数の決定によく使われるスクリープロットを、分散比率について描いたものが **図 8-9** です。仮に 7 因子で分析しておき、第 1〜7 因子を横軸に、各因子の負荷を縦軸にプロットしてあります。下り勾配が急になる直前の因子までを取ることがよく行われますが、この場合、第 2 因子まで取るか第 4 因子まで取るか、悩むところかもしれません。

因子負荷量	Factor1	Factor2
CRIM	−0.6320	0.1676
ZN	0.1926	−0.6697
INDUS	−0.5440	0.6552
CHAS	0.1118	0.1397
NOX	−0.4771	0.7203
RM	0.3074	−0.2776
AGE	−0.3211	0.7724
DIS	0.3140	−0.8252
RAD	−0.8875	0.2128
TAX	−0.8978	0.2808
PTRATIO	−0.4570	0.1781
B	0.4633	−0.1678
LSTAT	−0.5273	0.4972

■ 表 8-10　ボストン住宅価格の因子負荷量

独自性	Uniqueness
CRIM	0.5725
ZN	0.5143
INDUS	0.2748
CHAS	0.9680
NOX	0.2536
RM	0.8284
AGE	0.3003
DIS	0.2205
RAD	0.1671
TAX	0.1152
PTRATIO	0.7594
B	0.7572
LSTAT	0.4748

■ 表 8-11　ボストン住宅価格の独自性

因子分散寄与率	Factor1	Factor2
SS Loadings（分散）	3.5640	3.2299
Proportion Var（寄与率）	0.2742	0.2485
Cumulative Var（累積寄与率）	0.2742	0.5226

■ 表 8-12　ボストン住宅価格の因子分数寄与率

237

第8章 多次元データの解析（2）〜少ない次元で説明する

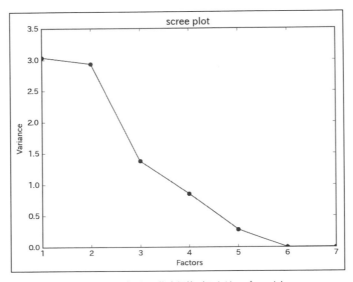

■ 図 8-9　ボストン住宅価格（スクリープロット）

また、それぞれのデータに対して因子スコアを出したものが**表 8-13** です。この因子スコアを使ってバイプロット図を描いたものが**図 8-10** です。

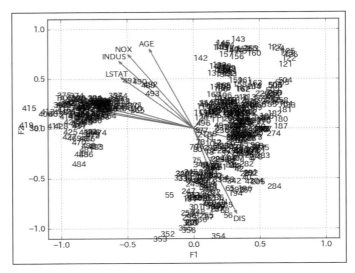

■ 図 8-10　ボストン住宅価格のバイプロット

8.2　因子分析

回帰法スコア	Factor1	Factor2
0	0.886754	−0.160093
1	0.872442	−0.000340
2	0.946776	−0.227425
3	0.844867	−0.732613
4	0.831296	−0.647017
5	0.815161	−0.575424
6	0.363662	−0.360974
7	0.295168	−0.137166
8	0.064084	−0.054194
9	0.235394	−0.375243
10	0.236429	−0.241584
15	0.616401	0.042578
...	（中略）	
500	0.390273	0.622418
501	1.136834	0.891973
502	1.169348	1.022439
503	1.320406	1.130066
504	1.270421	1.077860
505	1.180762	1.012993

■ 表 8-13　ボストン住宅価格（因子スコア）

索　引

英字

F 検定	155
p 値	138
t 検定	140

あ行

因子負荷量	213, 224, 231
因子分析	223
ウェルチの検定	151

か行

回帰直線	185
回帰分析	183
回帰方程式	185
カイ二乗検定	157
確率分布	67
確率変数	67
確率密度関数	68
仮説検定	136
片側検定	137
間隔尺度	34
関　数	40
幾何平均	38
棄　却	136
棄却される	136
記述統計	3
帰無仮説	137
共通性	225
寄与率	211, 232
区間推定	93
グッドマン・クラスカルの γ 係数	195

クラメールの連関係数

クラメールの連関係数	200
クロス集計表	190
決定係数	185
検出力	139
ケンドールの τ 係数	195
効果量	154

さ行

算術平均	36
サンプル	92
試　行	62
事　象	62
指数分布	88
質的な	162
四分位範囲	49
斜交回転	227
斜交モデル	224
周辺度数	163
主成分分析	206
順序尺度	34
条件付き確率	66
推測統計	3
スタージェスの式	49
スチューデントの t 検定	143
スピアマンの順位相関係数	201
正規分布	83
正の相関	168
尖　度	74

索　引

相　関 168	ピアソンの積率相関係数 170
相関がない 169	ヒストグラム 55
相関係数 170	標準化 72
	標準偏差 49, 51
た行	標　本 63
第 1 四分位数 49	標本分散 99
第 1 種の誤り 138	標本分布 93
第 2 種の誤り 138	標本平均の分散 102
第 2 四分位数 49	比例尺度 34
第 3 四分位数 49	頻度分布 47
大数の法則 94	
対立仮説 137	ファイ係数 192
多変量解析 205	フィッシャーの分散比 111
	負の相関 168
チェビシェフの不等式 52, 76	不偏分散 99
直交回転 227	プロマックス回転 227
直交モデル 224	分割表 190
	分　散 49, 50
強い相関 169	
	平　均 37
定性的データ 33	ベイズの定理 66
定量的データ 34	
適合度基準 158	ポアソン分布 81
適合度の検定 157	母集団 92
点推定 93	母分散 99
独自性 225	**ま行**
独　立 65, 78	無相関検定 179
独立事象の乗法定理 65	
トリム平均 38	名義尺度 33
	メジアン（中央値） 36
な行	
二項分布 78	モード（最頻値） 37
は行	**や行**
箱ひげ図 50	有意水準 136
バリマックス回転 227	有意である 136
	有限母集団修正 103

弱い相関 169

ら行

ランダム 63
ランダムサンプリング 93

両側検定 137

累積寄与率 211

連　関 190
連続値 67

わ行

歪　度 73

Python のパッケージ・関数など

boxplot... 58
chi2_contingency 164
chisquare 160
corrcoeff.. 172
decomposition 227
extract_height 27
factor_analyzer 16, 227
gmean 45
kendalltau 196, 199
len.. 40
LinearRegression............................. 186
linregress 185
loadtxt 57
matplotlib 15, 16, 53
mean 43

median 44
mode 44
np.array 58
np.power 46
numpy..16, 46
pandas 173
pip 6
plt.hist... 55
plt.show 54
plt.title 54
pvariance 100
random.normal................................ 85
range 19
round 19
rpy2.robjects.................................. 173
scikit-learn 16, 227
scipy...16, 86
scipy.stat.. 46
sorted..26, 41
spearmanr 202
statistics 41
stats 86
stats.chi2.cdf 106
statsmodels 16, 186
sum 40
ttest_1samp 145
ttest_ind 145
ttest_rel 145
var 51
VAR 100
variance... 100
VARP 100
zip... 26

〈著者略歴〉

山 内 長 承（やまのうち　ながつぐ）

1975 年　東京大学工学部電子工学科卒業
1977 年　同工学系研究科情報工学専門課程修士課程修了
1978 年　スタンフォード大学電気工学科大学院入学
1984 年　同博士課程退学、日本アイ・ビー・エム（株）東京基礎研究所入社
2000 年　東邦大学理学部情報科学科へ転職
現　在　東邦大学名誉教授

■主な著書

『Python によるテキストマイニング入門』（オーム社、2017）

- 本書の内容に関する質問は、オーム社書籍編集局「（書名を明記）」係宛に、書状または FAX（03-3293-2824）、E-mail（shoseki@ohmsha.co.jp）にてお願いします。お受けできる質問は本書で紹介した内容に限らせていただきます。なお、電話での質問にはお答えできませんので、あらかじめご了承ください。
- 万一、落丁・乱丁の場合は、送料当社負担でお取替えいたします。当社販売課宛にお送りください。
- 本書の一部の複写複製を希望される場合は、本書扉裏を参照してください。

JCOPY ＜（社）出版者著作権管理機構 委託出版物＞

Python による統計分析入門

平成 30 年 5 月 25 日　　第 1 版第 1 刷発行

著　　者　山 内 長 承
発 行 者　村 上 和 夫
発 行 所　株式会社 オ ー ム 社
　　　　　郵便番号　101-8460
　　　　　東京都千代田区神田錦町 3-1
　　　　　電 話　03(3233)0641（代表）
　　　　　URL　https://www.ohmsha.co.jp/

© 山内長承 2018

組版　トップスタジオ　　印刷・製本　昭和情報プロセス
ISBN978-4-274-22234-4　Printed in Japan

「マンガでわかる統計学」シリーズ

マンガで統計を
わかりやすく
解説！

- 高橋 信／著
- トレンド・プロ／マンガ制作
- B5変・224頁
- 定価(本体2,000円【税別】)

回帰分析の基本から
ロジスティック回帰分析まで解説！

- 高橋 信／著
- 井上 いろは／作画
- トレンド・プロ／制作
- B5変・224頁
- 定価(本体2,200円【税別】)

因子分析の基礎から応用まで
マンガと文章と例題でわかる！

- 高橋 信／著
- 井上 いろは／作画
- トレンド・プロ／制作
- B5変・248頁
- 定価(本体2,200円【税別】)

統計学の基礎知識と効果的な
研究資料作成のコツがわかる！

- 田久 浩志・小島 隆矢／共著
- こやま けいこ／作画
- ビーコム／制作
- B5・272頁
- 定価(本体2,200円【税別】)

もっと詳しい情報をお届けできます。
◎書店に商品がない場合または直接ご注文の場合も右記宛にご連絡ください。

ホームページ　https://www.ohmsha.co.jp/
TEL／FAX　TEL.03-3233-0643　FAX.03-3233-3440

(定価は変更される場合があります)

F-1611-203

オーム社の「Excel で学ぶ」シリーズ

Excelで学ぶ 時系列分析
―理論と事例による予測―
[Excel 2016/2013対応版]

上田 太一郎[監修]・近藤 宏[編著]
高橋 玲子・村田 真樹・渕上 美喜・藤川 貴司・上田 和明[共著]
A5判／328ページ／定価(本体3,200円【税別】)

豊富な事例から予測手法のノウハウを解説！

本書は、2006年発行当初から好評を博した『Excelで学ぶ時系列分析と予測』の内容を見直し、Excel2016/2013に対応して発行するものです。
第1部で時系列分析の基礎を解説し、時系列分析の手法の仲間である単回帰分析、重回帰分析、成長曲線、最近隣法、灰色理論の理論を解説します。
第2部では平均株価、売り上げ、需要予測、製品寿命予測等の身近なデータを使ってExcelで解析・予測します。時系列分析の基本概念である「トレンド」「周期変動」「不規則変動」「季節変動」を中心に、各統計手法の基礎的な事項から実データによる予測事例までわかりやすく解説していきます。

Excelで学ぶ 統計解析入門
[Excel 2016/2013対応版]

菅 民郎[著]
B5変・376頁／定価(本体2,700円【税別】)

Excelで学ぶ 生命保険
―商品設計の数学―

成川 淳[著]
B5変・296頁／定価(本体3,800円【税別】)

もっと詳しい情報をお届けできます。
◎書店に商品がない場合または直接ご注文の場合も右記宛にご連絡ください。

ホームページ https://www.ohmsha.co.jp/
TEL／FAX TEL.03-3233-0643　FAX.03-3233-3440

（定価は変更される場合があります）

F-1805-241

オーム社の Python 関係書籍

Python による 数値計算とシミュレーション

小高 知宏 著
A5判／208ページ／定価(本体2,500 円【税別】)

『C による数値計算とシミュレーション』の Python 版登場 !!

本書は、シミュレーションプログラミングの基礎と、それを支える数値計算の技術について解説します。数値計算の技術から、先端的なマルチエージェントシミュレーションの基礎までを Python のプログラムを示しながら具体的に解説します。
アルゴリズムの原理を丁寧に説明するとともに、Python の便利な機能を応用する方法も随所で示すものです。

《主要目次》
Python における数値計算／常微分方程式に基づく物理シミュレーション／偏微分方程式に基づく物理シミュレーション／セルオートマトンを使ったシミュレーション／乱数を使った確率的シミュレーション／エージェントベースのシミュレーション

《このような方にオススメ！》
初級プログラマ・ソフトウェア開発者／情報工学科の学生など

Python による機械学習入門

機械学習の入門的知識から実践まで、できるだけ平易に解説する書籍！

株式会社システム計画研究所 編
A5判／248ページ／定価(本体2600円【税別】)

山内 長承 著／A5判／256ページ／定価(本体2500円【税別】)

Python による テキストマイニング入門

インストールから基本文法、ライブラリパッケージの使用方法まで丁寧に解説！

もっと詳しい情報をお届けできます。
○書店に商品がない場合または直接ご注文の場合も右記宛にご連絡ください。

ホームページ https://www.ohmsha.co.jp/
TEL／FAX TEL.03-3233-0643 FAX.03-3233-3440

(定価は変更される場合があります)